高职高专"十三五"规划教材
辽宁省职业教育改革发展示范校建设成果

油层物理

赵 宁 高文阳 刘 杰 主编

化学工业出版社

·北京·

本书共分为四个情境十一个任务，内容包括油气藏类型评价，天然气高压物性测算，地层油高压物性测定，地层水高压物性评价，储层砂岩构成评价，储层岩石孔隙性评价，储层岩石渗透性评价，储层岩石饱和度评价，储层岩石的润湿性评价，储层岩石的毛管力（含阻力效应）评价和储层岩石的相渗透率与相对渗透率评价。

本书中的情境和任务的实施需要配合实训装置和模拟数据来进行，用项目化教学的方法对学生进行实际操作能力的锻炼。

本书可以作为高职高专油气开采技术专业的专业基础课教材，也可作为相关专业学生的参考用书。

图书在版编目（CIP）数据

油层物理/赵宁，高文阳，刘杰主编．—北京：化学工业出版社，2019.5（2025.7重印）
高职高专"十三五"规划教材
ISBN 978-7-122-33777-1

Ⅰ.①油⋯　Ⅱ.①赵⋯②高⋯③刘⋯　Ⅲ.①油层物理学-高等职业教育-教材　Ⅳ.①TE311

中国版本图书馆 CIP 数据核字（2019）第 037516 号

责任编辑：满悦芝　丁文璇　　　　　　　　装帧设计：张　辉
责任校对：宋　夏

出版发行：化学工业出版社（北京市东城区青年湖南街 13 号　邮政编码 100011）
印　　装：北京科印技术咨询服务有限公司数码印刷分部
787mm×1092mm　1/16　印张 9　字数 219 千字　2025 年 7 月北京第 1 版第 3 次印刷

购书咨询：010-64518888　　　　　　　　　　售后服务：010-64518899
网　　址：http://www.cip.com.cn
凡购买本书，如有缺损质量问题，本社销售中心负责调换。

定　　价：45.00 元　　　　　　　　　　　　　　　　　　版权所有　违者必究

序

　　世界职业教育发展的经验和我国职业教育的历程都表明，职业教育是提高国家核心竞争力的要素之一。近年来，我国高等职业教育发展迅猛，成为我国高等教育的重要组成部分。《国务院关于加快发展现代职业教育的决定》、教育部《关于全面提高高等职业教育教学质量的若干意见》中都明确要大力发展职业教育，并指出职业教育要以服务发展为宗旨，以促进就业为导向，积极推进教育教学改革，通过课程、教材、教学模式和评价方式的创新，促进人才培养质量的提高。

　　盘锦职业技术学院依托于省示范校建设，近几年大力推进以能力为本位的项目化课程改革，教学中以学生为主体，以教师为主导，以典型工作任务为载体，对接德国双元制职业教育培训的国际轨道，教学内容和教学方法以及课程建设的思路都发生了很大的变化。因此开发一套满足现代职业教育教学改革需要、适应现代高职院校学生特点的项目化课程教材迫在眉睫。

　　为此学院成立专门机构，组成课程教材开发小组。教材开发小组实行项目管理，经过企业走访与市场调研、校企合作制定人才培养方案及课程计划、校企合作制定课程标准、自编讲义、试运行、后期修改完善等一系列环节，通过两年多的努力，顺利完成了四个专业类别20本教材的编写工作。其中，职业文化与创新类教材4本，化工类教材5本，石油类教材6本，财经类教材5本。本套教材内容涵盖较广，充分体现了现代高职院校的教学改革思路，充分考虑了高职院校现有教学资源、企业需求和学生的实际情况。

　　职业文化类教材突出职业文化实践育人建设项目成果；旨在推动校园文化与企业文化的有机结合，实现产教深度融合、校企紧密合作。教师在深入企业调研的基础上，与合作企业专家共同围绕工作过程系统化的理论原则，按照项目化课程设计教材内容，力图满足学生职业核心能力和职业迁移能力提升的需要。

　　化工类教材在项目化教学改革背景下，采用德国双元培育的教学理念，通过对化工企业的工作岗位及典型工作任务的调研、分析，将真实的工作任务转化为学习任务，建立基于工作过程系统化的项目化课程内容，以"工学结合"为出发点，根据实训环境模拟工作情境，尽量采用图表、图片等形式展示，对技能和技术理论做全面分析，力图体现实用性、综合性、典型性和先进性的特色。

石油类教材涵盖了石油钻探、油气层评价、油气井生产、维修和石油设备操作使用等领域，拓展发展项目化教学与情境教学，以利于提高学生学习的积极性、改善课堂教学效果，对高职石油类特色教材的建设做出积极探索。

财经类教材采用理实一体的教学设计模式，具有实战性；融合了国家全新的财经法律法规，具有前瞻性；注重了与其他课程之间的联系与区别，具有逻辑性；内容精准、图文并茂、通俗易懂，具有可读性。

在此，衷心感谢为本套教材策划、编写、出版付出辛勤劳动的广大教师、相关企业人员以及化学工业出版社的编辑们。尽管我们对教材的编写怀抱敬畏之心，坚持一丝不苟的专业态度，但囿于自己的水平和能力，疏漏之处在所难免。敬请学界同仁和读者不吝指正。

盘锦职业技术学院　院长
2018 年 9 月

前言

本书在编写过程中，根据行业、企业发展和完成职业岗位实际工作任务所需要的知识、能力、素质选取教材内容，锻炼学生的实际操作能力。通过对企业和相关行业的调研，依据油气开采技术专业人才培养的要求，将"教、学、做"融为一体，将常用技能进行提炼和整合，淡化理论知识，主要培养学生的动手能力，具有较强的针对性和实用性。

本书共分为四个情境十一个任务，内容包括油气藏类型评价、储层流体性质测定、储层岩石性质评价、储层岩石中储层流体渗流特性评价。本书可以作为高职高专油气开采技术专业的专业基础课教材。

本书学习情境一由张金东编写；学习情境二由张翠婷和彭勇编写；学习情境三由赵宁编写；学习情境四由高文阳、刘杰编写。全书由赵宁、高文阳、刘杰任主编。此外，崔凯华教授在本书编写过程中，提出了许多宝贵意见，在此表示感谢。

由于编者的水平有限，书中难免存在不妥之处，敬请使用本书的教师和同学们批评指正。

编者

2018 年 11 月

目录

学习情境一　油气藏类型评价 ··· **1**
　　任　务　油气藏类型评价 ·· 1

学习情境二　储层流体性质测定 ··· **17**
　　任务一　天然气高压物性测算 ·· 17
　　任务二　地层油高压物性测定 ·· 38
　　任务三　地层水高压物性评价 ·· 51

学习情境三　储层岩石性质评价 ··· **60**
　　任务一　储层砂岩构成评价 ··· 60
　　任务二　储层岩石孔隙性评价 ·· 68
　　任务三　储层岩石渗透性评价 ·· 78
　　任务四　储层岩石饱和度评价 ·· 89

学习情境四　储层岩石中储层流体渗流特性评价 ··· **94**
　　任务一　储层岩石的润湿性评价 ··· 94
　　任务二　储层岩石的毛管力（含阻力效应）评价 ··· 112
　　任务三　储层岩石的相渗透率与相对渗透率评价 ··· 127

参考文献 ·· **137**

学习情境一 油气藏类型评价

【情境描述】

小李需为油田开发方案的制定与调整提供基础资料，油气藏类型、规模的确定是小李现阶段工作内容。

任 务 油气藏类型评价

教学任务书见表1-1。

表1-1 教学任务书

情境名称	油气藏类型评价		
任务名称	油气藏类型评价		
任务描述	相图的计算；相图的识读；相图的应用；典型油气藏相图分析		
任务载体	单、双、多组分体系相图；典型油气藏相图		
学习目标	能力目标	知识目标	素质目标
	1.能够识读相图，判断油气藏类型 2.能够识读相图，确定油气藏饱和压力 3.能够识读相图，分析不同体系相图特征	1.掌握相态方程的建立方法 2.了解相态方程的求解方法 3.掌握相图的应用 4.掌握不同类型油气藏相图特征	1.培养学生团队意识 2.培养学生观察、思考、自主学习的能力 3.培养学生爱岗敬业、严格遵守操作规程的职业道德素质

【任务实施】

一、相图计算

1. 相态方程的建立

假设 一油气烃类体系，由 n 种组分组成，其摩尔组成为 n_i，体系总摩尔数为1，在一定 T、p 下气液平衡时，体系中气相摩尔分数为 N_G，液相摩尔分数为 N_L，组分 i 在气相中的摩尔分数为 y_i，组分 i 在液相中的摩尔分数为 x_i。

解 根据假设得到：

体系中气相的摩尔数为：$1 \times N_G = N_G$

体系中液相的摩尔数为：$1 \times N_L = N_L$

体系中 i 组分的摩尔数为：$1 \times n_i = n_i$

气相中 i 组分的摩尔数为：$N_G y_i$

液相中 i 组分的摩尔数为：$N_L x_i$

物质平衡关系如下：

体系总的物质平衡：

$$N_L + N_G = 1 \tag{1-1}$$

任一组分 i 的物质平衡关系：

$$y_i N_G + x_i N_L = n_i \tag{1-2}$$

气、液相的物质平衡关系：

$$\sum_{i=1}^{n} y_i = 1 \quad \sum_{i=1}^{n} x_i = 1 \tag{1-3}$$

相平衡关系（平衡常数）：

$$K_i = y_i / x_i \tag{1-4}$$

式(1-1)~式(1-4)联立求解，即可得到气液体系的相态方程或称闪蒸方程。

气相组成方程为

$$y_i = \frac{n_i K_i}{1 + (K_i - 1) N_G} \tag{1-5}$$

液相组成方程为

$$x_i = \frac{n_i}{1 + (K_i - 1) N_G} \tag{1-6}$$

气、液相的组成归一化方程如下

$$\sum_{i=1}^{n} x_i = \sum_{i=1}^{n} \frac{n_i}{1 + (K_i - 1) N_G} = 1 \tag{1-7}$$

$$\sum_{i=1}^{n} y_i = \sum_{i=1}^{n} \frac{n_i K_i}{1 + (K_i - 1) N_G} = 1 \tag{1-8}$$

式(1-5)~式(1-8)为相态方程。

2. 相图计算

相态方程建立的目的：获得相图及相图两相区内在某一温度、压力下的油气数量；计算相图，如泡点线、露点线及两相区液体等含量线；设计地面油气分离的级次和工艺流程等。上述同样可以从实验室测定得到。相态方程解决了实验测定要求一定的仪器及测试精度且实验工作量很大的问题，适合繁杂的公式及计算。

(1) 泡点线计算

泡点是在温度一定的情况下，开始从液相中分离出第一批气泡的压力，或压力一定的情况，开始从液相中分离出第一批气泡的温度。

相态变化特征：在泡点时，体系中有无限小量的气体（一个或一批气泡）与大量的液体共处于平衡状态；平衡气相的摩尔分数 $N_G \to 0$，而液相摩尔分数 $N_L \to 1$。

泡点时，有

$$N_G \approx 0, N_L \approx 1$$

根据气相的组成方程，有

$$y_i = \frac{n_i K_i}{1 + (K_i - 1) N_G} = n_i K_i$$

虽然体系中仅有一个或一批气泡，但该气泡各组分的摩尔分数之和仍应等于 1，即

$$\sum_{i=1}^{n} y_i = \sum_{i=1}^{n} n_i K_i = 1$$

所以，泡点相态方程（$n+1$ 个关系式）为
$$y_i = n_i K$$
$$\sum_{i=1}^{n} y_i = \sum_{i=1}^{n} n_i K_i = 1$$

例题：已知体系有 n 种组分，摩尔组成为 n_i，给定 T（或 p），求泡点 p_b（或 T_b）和 y_i。

泡点（或泡点线）的求解方法主要是试算法。试算步骤：假设 p_b 为初值，根据温度 T、p_b 求 K_i，计算一组气相组成 y_i，判定是否满足 $\sum y_i = 1$。若满足，p_b 即为所求；若不满足，重新假设 p_b，重复上面步骤。

（2）露点线计算

露点是开始从气相中凝结出第一批液滴的压力（温度一定时）。

相态变化特征：在露点时，体系中有无限小量的液滴（一个或一批）与大量的气体共处于平衡状态；平衡气相的摩尔分数 $N_G \to 1$，而液相摩尔分数 $N_L \to 0$。

露点时，有
$$N_G \approx 1, N_L \approx 0$$

根据液相的组成方程，有
$$x_i = \frac{n_i}{1+(K_i-1)N_G} = \frac{n_i}{K_i}$$

虽然体系中仅有一个或一批液滴，但该液滴各组分的摩尔分数之和仍应等于 1，即
$$\sum_{i=1}^{n} x_i = \sum_{i=1}^{n} \frac{n_i}{K_i} = 1$$

所以，露点相态方程（$n+1$ 个关系式）为
$$x_i = \frac{n_i}{K_i}$$
$$\sum_{i=1}^{n} x_i = \sum_{i=1}^{n} \frac{n_i}{K_i} = 1$$

例题：已知体系有 n 种组分，摩尔组成为 n_i，给定 T（或 p），求露点 p_d（或 T_d）和 x_i。

露点（或露点线）的求解方法主要也是试算法。试算步骤：假设 p_d 为初值，根据温度 T、p_d 求 K_i，计算一组气相组成 x_i，判定是否满足 $\sum x_i = 1$。若满足，p_d 即为所求；若不满足，重新假设 p_d，重复上面步骤。

二、相图识读

1. 单组分烃的相态特征

单组分体系：一个独立组分构成的物系。单组分烃的相图（p-T）如图 1-1 所示。图中曲线称为饱和蒸气压线，曲线上的各点即为不同温度下该组分的饱和蒸气压，它表示的是处于平衡的液气两相共存的温度和压力条件。该曲线将该组分的液相区和气相区分开：位于曲线上方时，表明该组分在该条件下呈液态；位于曲线下方则呈气态。

饱和蒸气压曲线的上限 C 点称为临界点，该点所代表的温度和压力是临界温度（T_c）和临界压力（p_c）。对于单组分，该点是两相共存的最高温度和压力点。对于单组分烃，高于该温度时，无论施加多大压力，气体仍不可液化。临界压力为这样一种压力，高于此压力

时，无论温度多少，液体和气体不会同时存在。

图 1-2 给出了烷烃的饱和蒸气压线，它们都是相似的单调曲线。

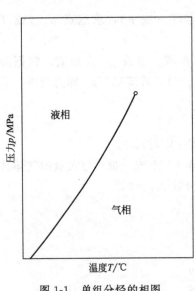

图 1-1 单组分烃的相图

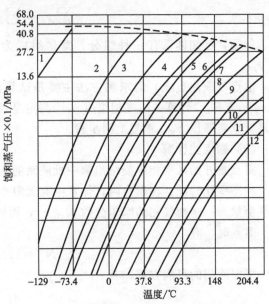

图 1-2 烷烃的饱和蒸气压曲线

1—CH_4；2—C_2H_6；3—C_3H_8；4—iC_4H_{10}；5—nC_4H_{10}；
6—iC_5H_{12}；7—nC_5H_{12}；8—C_6H_{14}；9—C_7H_{16}；
10—C_8H_{18}；11—C_9H_{20}；12—$C_{10}H_{22}$

当温度一定，压力稍低于该温度下的饱和蒸气压时，组分中便有气泡分离出来；反之，当压力稍高于该点的饱和蒸气压时，组分中便有液滴凝结，故对任何单组分来说，饱和蒸气压线实际就是该组分的泡点和露点的共同轨迹线。

图 1-3（43.3℃）表明乙烷在高于临界温度的情况下进行相同的过程。该曲线表明乙烷只是产生膨胀，而无相态变化。图中 A 点是少量分子首次从液体中逸出，形成小气泡的点，

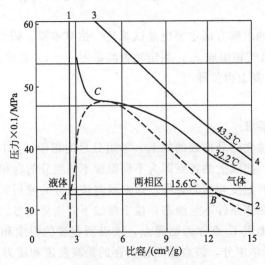

图 1-3 乙烷的 p-V 关系图

称为泡点。B 点则是只有极少量液体留存的点，称为露点。对于单组分烃，泡点和露点压力等于在相应温度下该组分的饱和蒸气压力。所以单组分烃的饱和蒸气压线实际就是该组分烃的泡点和露点的共同轨迹。在 $p\text{-}V$ 图上，随着温度的变化可绘出若干条等温线，并且随着温度的升高，两相共存段明显减小。此时，露点和泡点的位置亦相互靠近，最后重合于 C 点。图 1-3 中虚线即表明所有泡点和露点的轨迹。虚线包络了液、气可能共存的整个区域。临界点位于泡点和露点的重合点，亦是两相共存的最高压力和最高温度点。

2. 双组分烃的相态特征

在实际地层中，几乎不存在双组分体系，但为了更好地理解多组分体系和对比单组分体，先讨论双组分的情况。

图 1-4 是 Ⅰ、Ⅱ 两组分组成的烃类混合物的相图，图中央的狭长环形曲线为这两组分体系相图的包络线，包络线两侧分别是 Ⅰ、Ⅱ 组分的饱和蒸气压线。可以看出，两组分体系的相图与单组分相图相比较有两个明显的特点：

① 两组分体系的相图是一开口的环形曲线，CE 为露点线；CF 为泡点线；泡点线与露点线的汇合点为系统的临界点 C。泡点线的左上方为液相区；露点线的右下方为气相区，泡点线和露点线所包围的区域为两相区；两相区内的虚线为等液量线。

② 两组分体系相图包络线有最高温度点 C_T 和最高压力点 C_p。临界点所对应的温度和压力不是两相共存的最高温度和最高压力，高于此点的温度和压力两组分混合物仍可两相共存。而限制两相共存的最高温度和最高压力分别为 C_T 和 C_p 所对应的温度和压力。体系温度高于临界凝析温度 C_T 时，无论加多大的压力，体系也不能液化；同理，当体系压力高于临界凝析压力 C_p 时，无论温度如何，体系也不能气化，而以单相存在。两组分体系的临界点可认为是泡点和露点线的交汇点，在该点处，液相和气相的所有内涵性质（指与数量无关的性质，如密度、黏度等）都相同。

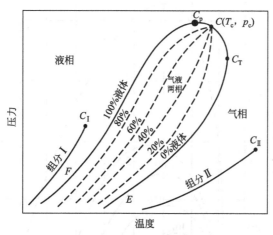

图 1-4 两组分体系相图

由图 1-5 中可以看出两组分体系相图变化有以下特点：
① 任一混合物的两相区都位于两纯组分的饱和蒸气压线之间。
② 混合物的临界压力都高于纯组分的临界压力，而混合物的临界温度则居于两个纯组分的临界温度之间。
③ 图中虚线是不同比例的乙烷和正庚烷混合物临界点的轨迹，随正庚烷所占比例增加，

亦即随混合物中较重组分比例的增加，临界点向右迁移。

④ 混合物中哪一组分的含量占优势，泡点与露点的包络线就靠近哪一组分的饱和蒸气压线。

⑤ 两组分的含量越接近，泡点线与露点线包络的面积就越大；两组分中只要有一个组分占绝对优势，泡点线与露点线包络的面积就变得狭窄，亦即两相区变小。

对于任意两种烃构成的混合物系统，由于组分的挥发性和分子量的不同，其对混合物相态性质的影响亦不同。图 1-6 列举了一些烷烃的饱和蒸气压力曲线与这些烃中任意两者的混合物的临界点轨迹。图上数据为甲烷与其他烷烃混合物的最大临界压力。

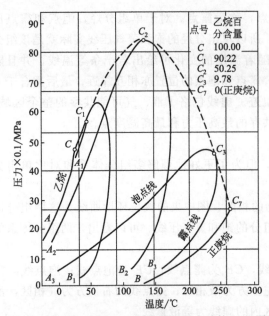

图 1-5　乙烷-正庚烷具不同的重量组成时的 p-T 图

从图中可以看出组分性质差异性对相图的影响：

① 混合物的临界压力远高于各组分的临界压力，实际是组分分子大小的不同增加了混合物的临界压力。

② 两组分的挥发性和分子量差别越大，临界点轨迹所包围的面积亦越大，两相区最高

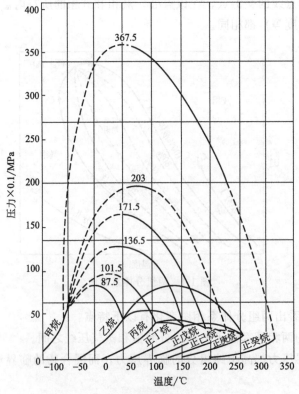

图 1-6　烷烃的两组分临界点轨迹曲线图

压力亦越高。

③ 分子结构非常接近的组分，例如丙烷-正戊烷或正丁烷-正庚烷系统，临界点轨迹成一扁平曲线，相图变化范围小。

由此可见，两组分体系的临界压力，临界温度以及临界凝析压力与临界凝析温度，泡点与露点包络线的位置、大小都取决于系统中各组分的组成。

3. 多组分烃的相态特征

地下油气藏是复杂的多组分烃类体系，它的相态特征取决于系统的组成和每一组分的性质。不同烃类系统其相图特征是不同的，但将多组分烃看成是由轻质烃类和重质烃类组成的两组分烃混合体系。

(1) 多组分烃类相图

多组分烃体系的相图如图 1-7 所示。相包络线 $aP'CT'b$ 把两相区和单相区分开。包络线内是两相区，虚线代表液相所占的体积百分数，称为等液量线。包络线外的所有流体都以单相存在。aC 为泡点线，线上液相摩尔分数为 100%，它是两相区和液相区的分界线。当压力降低到泡点线上压力值时，体系将出现第一批气泡，此压力又称为该烃类体系的饱和压力，所以泡点线又称为饱和压力线，其压力值与油藏的原始饱和压力值相当。bC 为露点线，线上气相摩尔分数为 100%，它是两相区和气相区的分界线。当压力升高到露点线上压力值时，体系会出现第一批液滴。C 为临界点，与两组分时的定义相同。p' 为临界凝析压力点，T' 为临界凝析温度点。

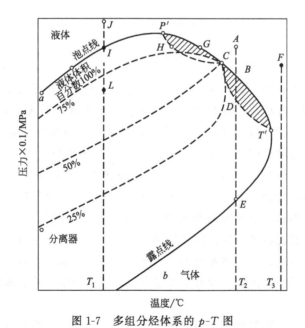

图 1-7 多组分烃体系的 p-T 图

(2) 等温逆行区

图 1-7 中的阴影部分表示逆行区，逆行就是与正常变化过程相反，分别被称为等温逆行区和等压逆行区。这种等温降压（或升压）过程出现的逆行现象，只发生在临界温度和临界凝析温度之间，所以 $CBT'DC$ 阴影区通常称为等温逆行区。由于在实际储层中，很难维持地层压力恒定（等压），故一般不研究等压逆行区。实际油田开发的情况是随着地层流体的采出，地层温度不变（等温）而压力不断降低，故研究等温逆行区（又称等温反凝析区）更

具有现实意义。

图 1-8 中 $ABDEF$ 为等温降压过程——等温逆行区（$A \to B \to D \to E \to F$），$A$ 点为气相，当降压至 B 点时，气相中出现少量液滴，如果继续降低压力，此时液量逐渐增多直到 D 点液量达到一极大值。压力若进一步下降至 E 点，液相又逐渐减少直至全部蒸发为气体。由 $D \to E$ 随压力降低而蒸发是正常现象，而在等温降压过程的 $B \to D$，气体中凝析出液体，这就是逆行现象，这种逆行现象通常称为等温反凝析，亦称逆行凝析。

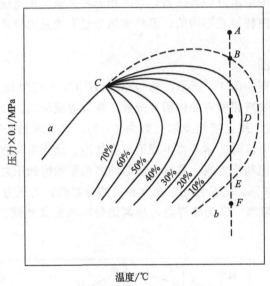

图 1-8 等温逆行区的相态图

逆行现象是烃类混合物在特定的温度压力条件下，分子间作用力的特殊变化造成的。等温反凝析出现的原因：分析 $ABDEF$ 等温降压过程，当体系处于 A 点时，体系为单一气相。当压力降至 B 点时，由于压力下降，烃分子间距离加大，因而分子引力下降，这时被气态轻烃分子吸引的（或分散到轻烃分子中的）液态重烃分子离析出来，因而产生了第一批液滴。而当压力进一步下降到 D 点时，由于气态轻烃分子的距离进一步增大，分子引力进一步减弱，因而把液态重烃分子全部离析出来，这时在体系中就凝析出最多的液态烃而形成凝析油。但是值得注意的是，这种反凝析现象只发生在相图中靠近临界点附近区域的特定温度、压力条件下。在远离临界点处，这种情况不会发生，因此，也可认为这是体系接近于临界状态时才出现的反常现象。当体系由 $D \to E \to F$ 变化时，随着压力下降，分子间距离继续增大，分子引力继续减小，液态重烃分子重新蒸发，这是正常的蒸发现象，从而体系又全部转化为气态。

利用随压力增大，气态轻烃分子引力增大而吸引重烃分子，直到液态重烃分子全部被吸引过去（或认为是液态重烃分子分散到气态轻烃分子中去），可解释逆行蒸发过程。

油气开采的生产过程，类似等温降压过程。若能适当控制生产中的压降范围，使液态烃的凝析不是在地层或井中，而是在地面，对油气的生产具有极大的实际价值。这也是凝析气田开采与开发过程中，十分重视压力控制的基本依据。

在凝析过程中，由于较重组分倾向于先凝析，就意味着会在地层中损失掉烃类中最有价值的部分；同时，在气藏中凝析出来的这部分液烃（凝析油）是采不出的。这是因为：

① 气藏中凝析出来的最大凝析油饱和度一般比较小，它们往往小于液烃能够开始流动的饱和度，使凝析油黏附在气层岩石颗粒表面，或形成油膜，或形成油滴滞留于孔隙中而不能流动。

② 人们认为在压力继续下降到下露点 E（或称第一露点）以下时，将导致凝析油的再蒸发，成为气相而被采出，但实际上这种现象并不易发生。因为当气藏总压力降到下露点 E 以下时，气藏中剩余烃类的组成相对于原始条件下气藏中烃类的组成已发生了改变，一方面轻烃已采出不少，另一方面由于反凝析使得某些较重的石蜡族烃留在气藏中成为凝析油，其结果是随着压力的降低，剩在气藏中的烃类总分子量增大了，使得油藏流体混合物相包络线位置、形状也相应要改变，倾向于向下、向右移动，从而阻止了再蒸发作用的进行。

为防止轻质油从天然气中凝析出来、增加气流阻力及部分轻质油吸附在岩石表面因采不出而损失，常采用循环注气等方法，保持地层压力高于上露点压力条件进行开采。

三、相图的应用

1. 判断油气藏类型

图 1-7 所给的多组分烃的相图可以用来判断地下油气藏类型。

J 点代表未饱和油藏：一特定多组分烃类系统的原始压力和温度，在这一压力和温度下，该烃类系统是单相液态，即单相原油。

I 点代表饱和油藏：其中原油刚好全部为气体所饱和，压力稍有下降，便有气体从原油中分离出来。

L 点代表带气顶油藏/饱和油藏：其位于两相区内，其中油气两相处于平衡状态，即原油为气体所饱和，压力降低也会导致气体从原油中分离出来。

F 点代表气藏：该系统在原始条件下是单一气相，等温降压过程也不经过两相区，总是处于气态。

A 点代表凝析气藏：其原始压力温度处于气相区，温度介于临界温度和临界凝析温度之间，即位于等温反凝析区的上方。在该气藏开始投产后，当压力降至 B 以下时（即压力低于上露点压力时），气相中会有液相析出；同时，随着气体的采出，压力的降低，会有更多的液相凝析出来而形成凝析油。

2. 确定油藏饱和压力

饱和压力 p_s：油层温度下，油中溶解天然气刚好达到饱和时的油层压力。

饱和油藏：位于泡点线下方→p_s=油藏原始压力 p_s；未饱和油藏：位于泡点线上方→p_s=泡点压力$_{油藏温度}$。

除以上两点外，相图还能指导油气藏开发、指导地面油气生产。

四、典型油气藏相图

不同烃类系统其相态特征亦不同，按照油气中轻、重烃含量，可将各类油气藏烃类大致分为五种典型的油气藏，包括干气藏、湿气藏、凝析气藏、轻质油藏（高收缩原油）和重质油藏（低收缩原油）。在相图上表现差别为：一是两相区的宽窄、大小、区内等液量线的分布间隔；二是包络线上临界点的位置（p-T 图上临界点的位置靠左或靠右）。

地下原油由于溶解有气体而体积膨胀，反之，当它被采到地面时，由于气体释出体积收缩。因此，地下原油溶解的气量越多，其体积收缩程度也越大；原油中溶解的气量少时，收缩程度则小。前者称为高收缩原油，后者称为低收缩原油。

1. 干气藏相图

干气是指每标准立方米井口流出物中 C_5 以上重烃含量低于 $13.5cm^3$ 的天然气。干气富含甲烷（70%～98%）和乙烷，重烃含量极少，其相图如图 1-9 所示，图中百分数为摩尔分数。

干气藏的特点：不论在地下条件还是在分离器条件下，都处于该混合物的两相区之外，即在地下和地面都没有液体形成。

2. 湿气藏相图

图 1-10 为湿气藏的相图，其临界温度远低于气藏温度。当气藏压力降低时，流体始终处于气相。然而，在分离器条件下则是处于系统的两相区内，因此在地面便有一些液体析出；但产出的液体要比凝析气少，混合物中的重组分也比凝析气要少。

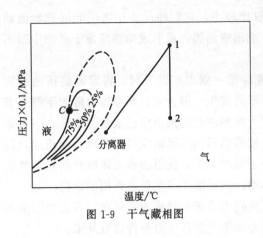

图 1-9 干气藏相图

3. 凝析气藏相图

凝析气藏所处的地层条件是压力在露点压力以上，温度介于临界温度与临界凝析温度之间，如图 1-11 所示。

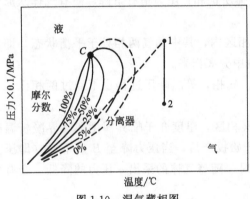

图 1-10 湿气藏相图

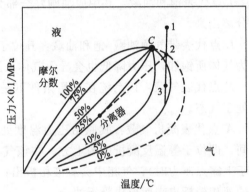

图 1-11 凝析气藏相图

图中地面产出物中约有 25%（摩尔分数）为液体。从这种类型的烃类混合物产出的液体称为凝析油或称气体凝析物，而气体则称之为凝析气。

在气藏原始条件 1 点，气藏中为单一气相，随生产过程中气藏压力的降低，气藏中发生反凝析。当压力到达 2 点时，液相便开始析出；随压力从 2 点降到 3 点，析出的液相数量增加，最高数量的液相产生在 3 点的压力处，当压力进一步降低时则导致液相的重新蒸发。这种气藏含有更多的轻烃，其中重烃比高收缩原油还要少，气油比高。凝析气藏开采产生的压降，可使某些重烃在地下形成液体损失，所以生产过程的压力控制是十分重要的。

4. 轻质油藏（高收缩原油）相图

轻质油藏的相图如图 1-12 所示。油藏原始条件 1 点常位于泡点线以上，随着油气的采出，油层压力逐渐降低，当降至泡点 2 点时，开始分出第一批气泡而成两相。随着油层压力的继续降低，如降至 3 点，分出的气会越来越多（气约占 60%，油约占 40%）。

该图与重质油藏的相图比较，液体含量线比较稀疏，并靠近泡点线。图中垂线仍是原油生产时恒温降压所取的路径。在分离器条件下，大约有 65% 的液体。比重质油藏的液体数量少得多，它恰反映了轻质油藏的特点。该原油所含轻烃较多，相对密度较小，气油比较高。

5. 重质油藏（低收缩原油）相图

图 1-13 为重质油藏相图，其中的 1—2—3 点连成的垂线表示恒定温度（如油藏温度）下，随原油的采出，油藏压力的降低，2 点至"分离器"的斜线代表原油从油藏流经油井到分离器的过程所经历的压力、温度条件。

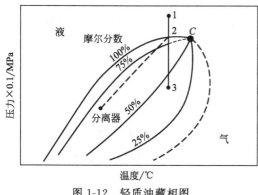

图 1-12　轻质油藏相图　　　　图 1-13　重质油藏相图

随着原油被采出，设想油藏压力最后降至 3 点，此处油藏中的流体含 75%（摩尔分数）的油和 25%（摩尔分数）的气。原油从 2 点的压力温度条件直至地面分离器的压力和温度，表明生产出的原油大约有 85%（摩尔分数）在分离器条件下处于液态，这一百分数是相当高的，它反映了重质油藏的特点。重质油藏含重烃较多，生产时通常地面油气比较小，原油相对密度较高。

综合对比图 1-9～图 1-13 可以得出以下几点：

① 从重质油藏到干气藏，随着体系重烃含量的减少，油、气混合物的临界点从右向左迁移。

② 油与气相比，前者相图的两相区比较开阔，表明其混合物中组分差异和复杂程度增加，后者则比较狭窄。

③ 凝析气藏具有较大的反凝析范围，且气藏温度处于临界温度与临界凝析温度之间，而湿气在地下不会发生反凝析。

前述各类型油气藏的一般特性见表 1-2。

表 1-2　不同类型油气藏的液态烃相对密度及原始气油比

油气藏类型	液态烃相对密度	原始气油比/[(标)m^3/m^3]
重质油藏	＞0.802	＜178
轻质油藏	0.802～0.739	178～1425
凝析气藏	0.780～0.739	1425～12467
湿气藏	＞0.739	10686～17810
干气藏	—	—

【必备知识】

石油和天然气是多种烃类和非烃类所组成的混合物。在实际油田开发过程中，常常可以发现：在同一油气藏构造的不同部位或不同油气藏构造上，其产出物各不相同，有的只产纯气，有的则油气同产。在油气藏条件下，有的烃是气相，而成为纯气藏；有的是单一液相的纯油藏；也有的油气两相共存，以带气顶的油藏形式出现。在原油从地下到地面的采出过程中，还伴随着气体从原油中分离和溶解的相态转化等现象。

那么，油藏开采前烃类究竟处于什么相态，为什么会发生一系列相态的变化，其主要原因是什么？用什么方式来描述烃类的相态变化？

按照内因是事物变化的根据，外因是事物变化的条件，可以发现油藏烃类的化学组成是构成相态转化的内因，压力和温度的变化则是产生相态转化的外因。因此，我们从研究油藏烃类的化学组成入手，然后再进一步研究压力温度变化时对相态变化的影响。

一、油气藏烃类的化学组成

1. 油层烃类体系的化学组成

石油和天然气的组成元素主要是碳和氢。对于油气藏，组成化合物主要是烷烃、环烷烃和芳香烃以及氧、硫、氮所形成的各种化合物。在天然油气藏中，以烷烃最为多见。烷烃又叫石蜡族烃，其化学通式为 C_nH_{2n+2}。

在常温常压下，$CH_4 \sim C_4H_{10}$ 的烷烃为气态（以下简称 $C_1 \sim C_4$），是构成天然气的主要成分；$C_5 \sim C_{16}$ 的烷烃是液态，是石油的主要成分；C_{16} 以上的烷烃为固态，是石蜡的主要组成部分。随着烃分子中碳的数目增加，其相对密度增大。

2. 油气藏类型

按油藏内烃类组成、流体相对密度，可依次把油气藏分为以下几类。

① 气藏：以干气 CH_4 为主，含量85%以上，还含有少量乙烷、丙烷和丁烷。

② 凝析气藏：含有甲烷到辛烷（C_8）的烃类，它们在地下原始条件下是气态，随着地层压力下降，或到地面后会凝析出液态烃。液态烃相对密度在 0.6～0.7，颜色浅，称为凝析油。

③ 临界油气藏：有时也称为挥发性油藏。其特点是含有较重的烃类，构造上部接近于气，下部接近于油，但油气无明显分界面，相对密度为 0.7～0.8。

这类油气藏较少见，英国北海、美国东部及我国吉林等已有发现，原油具挥发性，也属特殊油气藏之列。

④ 油藏：常分为带气顶和无气顶的油藏，油藏中以液相烃为主。不管有无气顶，油中都一定溶有气。相对密度为 0.8～0.94。0.94 为原油最高的相对密度。在油藏数值模拟中常将油藏中的原油称为黑油。

⑤ 重质油藏：又称稠油油藏，按 1983 年在伦敦召开的 11 届世界石油会议所订标准，是指其地面脱气原油相对密度为 0.934～1.00、地层温度条件下测得脱气原油黏度为 100～10000mPa·s 者。原油黏度高、相对密度大是该类油藏的特点。

⑥ 沥青油砂矿：相对密度大于 1.00，原油黏度大于 10000mPa·s 者。

根据不同的标准及划分界限，油气藏的分类也不尽相同，表 1-3 也是一种常用的分类法之一。

表 1-3　按地层流体性质划分的界限对油气藏分类

类　别	气油比 /[(标)m³/m³]	甲烷含量 /%	凝析油含量 /[(标)cm³/m³]	地面液体密度 /(g/cm³)
天然气	>18000	>85	<55	0.70～0.80
凝析气	550～18000	75～90	55～1800	0.72～0.82
轻质油	250～550	55～75	—	0.76～0.83
原油	<250	<60	—	0.83～1.0

二、油气藏烃类体系的相态特征

1. 基本概念

(1) 体系（系统）

体系是指与周围分离的物质本身。如所谓单组分体系是指该体系与外界物质相分隔而由单一种纯物质所组成的系统。

(2) 相

相是指某一体系中的均质部分。该部分与体系的其他部分具有明显的界面，在该均匀部分内的任意点移动至另一点时，性质上不会发生变化。一个相中可以含有多种组分，如气相中可含甲烷、乙烷等组分，液相中可含有丙烷、戊烷等组分。同一相的物质可以成片的出现，也可以成孤立的分隔状（如气泡、液滴）。

通常，储层烃类一般有气、液、固三种相态。

(3) 组分

某物质中所有相同类的分子，即称为该物质中的某组分。如假设天然气由甲烷、乙烷、氮组成，则可称甲烷、乙烷、氮为天然气的组分。但有时，为了便于研究，我们常把几种化学成分合并为一种拟组分。譬如：将 $C_2H_6 \sim C_6H_{14}$ 视为轻烃组分或中间组分 $C_2 \sim C_6$，而将 C_7H_{16} 以上的所有组分视为液烃组分 C_7+ 表示在相图中。

(4) 组成

组成是指组成某物质的组分及各组分所占的比例分数。因此，由物质的组成，可以从定量上来表示体系或某相中的构成情况。

(5) 其他概念

① 饱和蒸气压：在一个密闭抽空的容器里，部分充有液体，容器温度保持一定，处于气液相平衡时气相所产生的压力称为饱和蒸气压，体现为气相分子对器壁的压力。

② 内涵性质：与物质的数量无关的性质，如黏度、密度、压缩性等。

2. 相态的表示方法

据热力学观点，物系的状态是用物系所有的性质（如组成、温度、压力等）进行描述的，物系的性质又称为"状态函数"。相态指相平衡态；相态研究，即相图，指体系相平衡状态随组成、温度、压力等状态变量的改变而发生变化的有关研究，是一种直观的相态研究和表示方法。相图：表示相平衡态与物系组成、温度和压力等状态变量之间的关系图，又称为相平衡状态图，或状态图。

(1) 相态方程

描述在一定的温度、压力下体系达相平衡状态时，体系中相状态及组成的函数关系式。又称相平衡状态方程、相平衡方程。

(2) 相平衡

p、T 一定时，多相体系中任一组分的 A 相分子进入 B 相的速度与 B 相分子进入 A 相的速度相等时的状态。相平衡态是热动力学平衡态，即各组分在各相中的分配平衡，是一种动态平衡。

(3) 平衡常数

在一定的温度和压力条件下，气液体系达相平衡状态时，某组分 i 在气液相中的分配比，即

$$K_i = y_i / x_i \tag{1-9}$$

式中　y_i——i 组分在气相中的摩尔分数；

　　　x_i——i 组分在液相中的摩尔分数。

1) 平衡常数特点：$K_i = f(T, p, 体系组成)$，是随体系相态变化而变化的状态参数。

2) 平衡常数求取有以下三种方法

① 经验公式法——Wilson 公式。

② 收敛压力法（查图版）：收敛压力 p_{cv} 是指在温度一定的情况下，当压力较高时，各组分 K_i 随压力的增加都有收敛于 1 的趋势，K_i 收敛于 1 时的压力即为收敛压力。对于油气体系，当给定温度是混合物体系的临界温度时，收敛压力就为体系的临界压力。

收敛压力 p_{cv} 的确定：对地面油气分离、天然气液化，p_{cv} 选用 35MPa；对地层温度、压力下的油气相平衡，用试算法。

③ 状态方程法：利用状态方程确定逸度或逸度系数，进而确定平衡常数。

3. 相图的类型

油气体系的相态不仅与体系中烃类物质的组成有关，而且还取决于油气体系所处的温度、压力和所占体积，可用状态方程表示相态与状态变量的关系：$F(p, T, V) = 0$，以图解方式表示上述状态变量所描述的相态关系。

(1) 立体相图（三维相图）

立体相图：三维空间中，描述 p、V、T 三个状态变量与相态变化关系的图形。

在油气流体相态研究中，p-V-T 三维立体相图用于描述油气藏平面区域上和纵向上流体相态变化特征的分布规律，详尽地表示出各参数间的变化关系。如以 p、V、T 三个变量为坐标作图，则可得出如图 1-14 所示的立体相图。

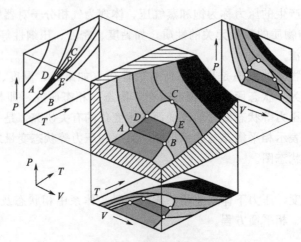

图 1-14　单组分立体相图

(2) 平面相图（二维相图）

在油气烃类流体相态研究中，不同的平面相图用于描述不同的相态参数和相态特征。通常采用的 $p\text{-}V$ 图（压力-比容图）和 $p\text{-}T$ 图（压力-温度图）。

由于油藏生产过程主要是研究地层中随着油气的采出，即油气由地下采至地面过程中，由于压力、温度不断变化所引起的油气相态的改变情况，故通常用 $p\text{-}T$ 图来研究油藏烃类的相态。在石油工业中，常将 $p\text{-}T$ 图简称为相图。表示相态变化的相图除常用的 $p\text{-}T$ 图外还有其他形式，具体采用哪种形式，应该根据使用相图的目的及实际情况而定。

(3) 三角相图（三元相图或拟三元相图）

三角相图主要用于研究地层条件下注气混相驱和非混相驱提高原油采收率的方法。

三角形的三个顶点分别代表纯组分物质；三角形的三个边分别代表两种组分构成的混合物，而该混合物中却不存在着该边相对应于顶点的那种组分；所有等边三边形相图内为三组分（1、2、3组分）组成的混合物。因此，图 1-15 中的 M_1 点代表组分 2 为 100% 的纯物质。点 M_2 代表组分 1、3 各占 70% 和 30% 的两组分混合物。点 M_3 代表组分 1、2、3 各占 20%、50% 和 30% 的一种混合物。按这种方式可以表示任何浓度组成的混合物，其浓度之和均为 100%。

通常以拟三元相图 C_1、$C_2\sim C_6$、C_7+ 为例（图 1-16）。将 C_1、$C_2\sim C_6$、C_7+ 分别视为三个独立组分，称拟组分，由它们构成的三元相图称为拟三元相图或似三元相图。图上三个顶点分别代表组成为 100% 的 C_1、$C_2\sim C_6$、C_7+ 三个体系，三个顶点的对边分别代表相对应于顶点的组分为零的三个体系。三角形中的曲线称为双结点曲线或相包络线，曲线所包围的区域为两相区，其余部分为单相区。包络线内的直线称为系线，系线上任一点均代表体系的总组成，由该点所在三角形中坐标确定。

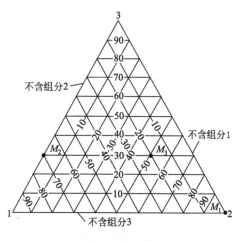

图 1-15 三元相图

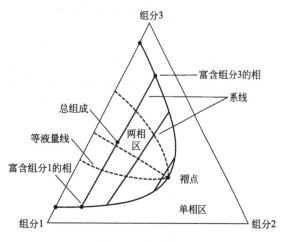

图 1-16 拟三元相图

【考核评价】

考核标准见表 1-4。

表 1-4 油气藏类型评价评分标准

序号	考核内容	评分要素	配分	评分标准	备注
1	相图计算	描述平衡常数 K 的物理意义及求取方法：收敛压力法（查图版）	10	不能正确说出平衡常数 K 求取方法扣 5 分	
		建立相态方程，知道相图计算方法 泡点线计算 $y_i = n_i K \quad \sum_{i=1}^{n} y_i = \sum_{i=1}^{n} n_i K_i = 1$ 露点线计算 $x_i = \dfrac{n_i}{K_i} \quad \sum_{i=1}^{n} x_i = \sum_{i=1}^{n} \dfrac{n_i}{K_i} = 1$	10	不能列出各计算方程扣 5 分；不能正确说出相图计算方法扣 5 分	
2	相图的识读	描述单组分体系相图的特征： 相图特征：一线；两区；一点；相态特征 描述双组分体系相图特征： 相图特征：两线；三区；三点；相态特征 描述多组分体系相图特征： 相图特征：两线；三区；三点；等温反凝析区；相态特征	30	不能说出各组分体系相图特征各扣 10 分	
3	相图的应用	正确说出相图的应用： ①判断油气藏类型 ②确定油藏饱和压力 ③指导油气藏开发 ④指导地面油气生产	20	不能判断油气藏类型扣 5 分；不能确定油藏饱和压力扣 5 分；不能说出凝析气藏的开发方式扣 5 分；不能说出油气生产指导方法扣 5 分	
4	典型油气藏相图分析	正确描述各类油气藏相图特征，总结各不同体系相图特点： 干气气藏相图特征 湿气气藏相图特征 凝析气藏相图特征 轻质油藏（高收缩原油）相图特征 重质油藏（低收缩原油）相图特征	30	不能画出各类型油藏相图各扣 5 分；不能正确表述各类型相图特点各扣 5 分	
5	考核时限	30min，到时停止操作考核			
		合计 100 分			

学习情境二 储层流体性质测定

【情境描述】

小李需为油田开发方案的制定与调整提供基础资料,储层流体性质参数的确定成为小李现阶段工作内容。

任务一 天然气高压物性测算

教学任务书见表2-1。

表2-1 教学任务书

情境名称	储层流体性质测定		
任务名称	天然气高压物性测算		
任务描述	求取天然气压缩因子;求取天然气体积系数;求取天然气等温压缩系数;求取天然气黏度		
任务载体	天然气气样;PVT高压物性仪		
学习目标	能力目标	知识目标	素质目标
	1.能够正确地完成天然气高压物性参数的计算 2.能够正确地完成测定数据的处理	1.掌握天然气高压物性参数的确定方法 2.掌握天然气高压物性与内外在因素的关系	1.培养学生团队意识 2.培养学生观察、思考、自主学习的能力 3.培养学生爱岗敬业、严格遵守操作规程的职业道德素质

【任务实施】

一、压缩因子求取

① 根据天然气组分分析数据(表2-2),由式(2-1)、式(2-2)计算视临界参数(p_{pc}、T_{pc}),或根据天然气类型和相对密度由图2-1直接查出视临界参数。

视临界压力 $$p_{pc} = \sum_{i=1}^{n} y_i p_{ci} \tag{2-1}$$

视临界温度 $$T_{pc} = \sum_{i=1}^{n} y_i T_{ci} \tag{2-2}$$

式中 p_{ci}——天然气中组分 i 的临界压力，0.1MPa；
T_{ci}——天然气中组分 i 的临界温度，K；
y_i——天然气中组分 i 的摩尔分数。

表 2-2 部分纯烃类和非烃类气体的物性常数表

气体	分子式	分子量	临界压力/MPa	临界温度/K
甲烷	CH_4	16.0	4.64	190.67
乙烷	C_2H_6	30.1	4.88	303.50
丙烷	C_3H_8	44.1	4.26	370.00
正丁烷	nC_4H_{10}	58.1	3.79	425.39
CO_2	CO_2	44.01	7.38	304.17
H_2S	H_2S	34.0	9.00	373.56
N_2	N_2	28.0	3.39	126.11

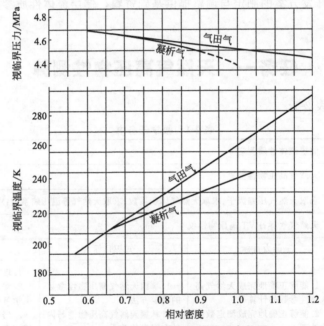

图 2-1 天然气相对密度与视临界参数图

② 如果天然气中同时含有 H_2S 和 CO_2 两种非烃成分，且浓度较高时，通常要用威斯特-埃凯茨推荐的计算方法。这种方法的关键是引入了一个以 H_2S 和 CO_2 的浓度为函数的视临界温度校正系数，首先校正视临界温度；然后再校正视临界压力。

应用的有关公式如下

$$T'_{pc} = T_{pc} - \varepsilon \tag{2-3}$$

$$p'_{pc} = \frac{p_{pc} T'_{pc}}{T_{pc} + B(1-B)\varepsilon} \tag{2-4}$$

式中 T_{pc}——根据混合物摩尔分数计算的视临界温度；
p_{pc}——根据混合物摩尔分数计算的视临界压力；
T'_{pc}——经视临界温度校正系数校正后的视临界温度；

p'_{pc}——经视临界温度校正系数校正后的视临界压力;

B——天然气中 H_2S 的摩尔分数;

ε——视临界温度校正系数,它取决于 H_2S 和 CO_2 的浓度,由图 2-2 直接查出。图 2-2 查出的 ε 值是以兰金温标 °R 表示的,将其换算为绝对温标 K 要乘上换算系数 0.5556。

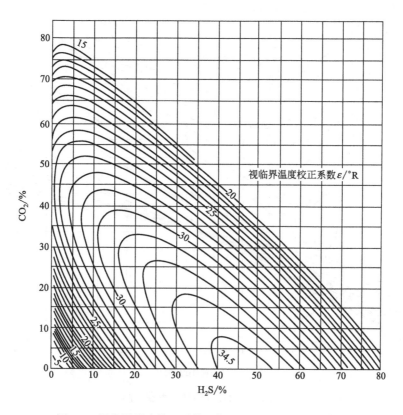

图 2-2 视临界温度校正系数 ε 与 H_2S、CO_2 的浓度关系

③ 计算出天然气的视对比参数 (p_{pr}, T_{pr})。

视对比压力

$$p_{pr} = \frac{p}{p_{pc}} = \frac{p}{\sum_{i=1}^{n} y_i p_{ci}} \quad (2-5)$$

视对比温度

$$T_{pr} = \frac{T}{T_{pc}} = \frac{T}{\sum_{i=1}^{n} y_i T_{ci}} \quad (2-6)$$

可根据天然气的视对比压力和视对比温度,从图 2-3 上查得天然气的压缩因子 Z。

二、体积系数求取

计算公式

$$B_g = \frac{V}{V_{sc}} = \frac{ZT p_{sc}}{T_{sc} p} = Z \frac{273+t}{293} \frac{p_{sc}}{p}$$

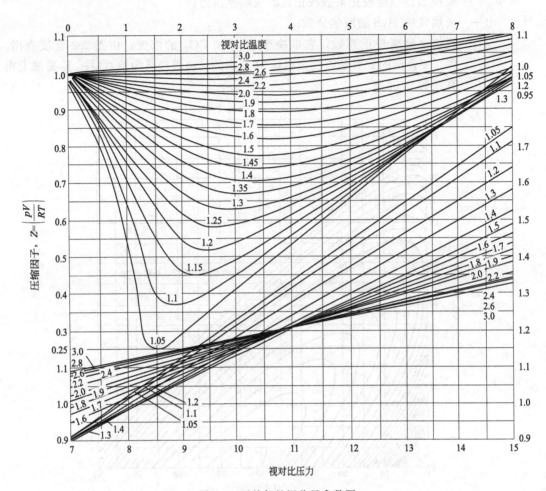

图 2-3 天然气的视临界参数图

式中 B_g——天然气体积系数，m^3/标准 m^3；

p_{sc}——标准状况下的压力，MPa；

T_{sc}——标准状况下的压力，K；

Z——天然气压缩因子。

一般情况下 $B_g \ll 1$。

三、天然气等温压缩系数求取

1. 纯组分体系气体压缩系数的求法

计算公式 $$C_g = -\frac{1}{V}\frac{dV}{dP} = \frac{1}{P} - \frac{1}{Z}\frac{dZ}{dP}$$

① 先求 Z。

② 求 p、T 对应点处的 $\frac{dZ}{dP}$，这里要注意 $\frac{dZ}{dP}$ 值的正负性。

2. 多组分体系气体压缩系数的求法

$$C_g = \frac{1}{p_{pc}} \left(\frac{1}{p_{pr}} - \frac{1}{Z} \frac{dZ}{dp_{pr}} \right)$$

具体求法同前，只是求 $\frac{dZ}{dp_{pr}}$ 时要从天然气压缩因子图上求得。

四、黏度求取

1. 低压下天然气黏度的求法

(1) 公式计算法

计算公式

$$\mu = \frac{\sum \mu_i y_i M_i^{1/2}}{\sum y_i M_i^{1/2}}$$

式中 μ_i——天然气中组分 i 的黏度，Pa·s。

(2) 查图法

根据温度和天然气的相对密度查图 2-4。

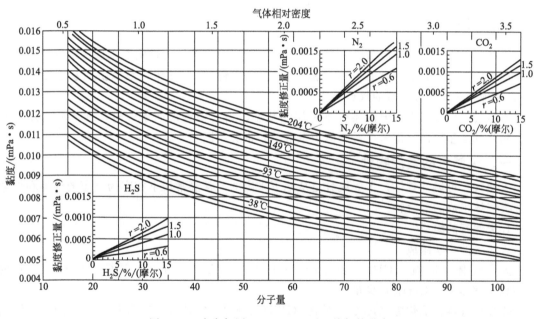

图 2-4 1个大气压（0.1mPa）下天然气的黏度

2. 高压下天然气黏度的求法

① 根据天然气的组成求出天然气的相对密度，并根据所得相对密度（查图 2-4）求出天然气在一个大气压情况下的黏度。

② 根据天然气的组成求天然气的临界压力和临界温度。

③ 求天然气的对比压力和对比温度。

④ 查图 2-5 得 μ_g/μ_{g1}（高低压天然气黏度比）。

⑤ $\mu_g = \frac{\mu_g}{\mu_{g1}} \times \mu_{g1}$，其中 μ_g 为高压下天然气黏度，μ_{g1} 为低压下天然气黏度。

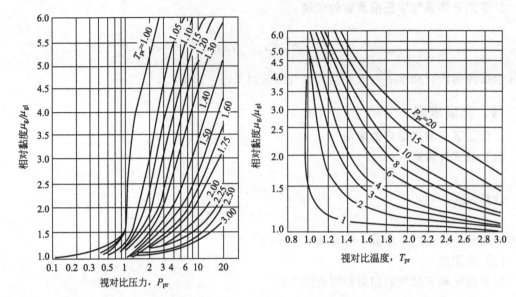

图 2-5 μ_g/μ_{g1} 与 P_{pr}、T_{pr} 关系图

【必备知识】

天然气：指在不同地质条件下生成、运移，并以一定的压力储集在地层中的气体。在一般的油藏中，伴随石油一起也存在天然气。它可以溶解在石油中，或以游离状态形成"气顶"，这种天然气常称为石油气或伴生气。

天然气在地层压力、温度条件下呈压缩状态，当其采到地面条件时，其体积会发生膨胀，随之其高压物性（偏差系数、体积系数等）也会不同。

一、天然气的常规物性

天然气：可燃性气体，主要成分是从地下采出的，常温常压下相态为气态的烃类和少量非烃类气体组成的混合物。

1. 天然气的组成

天然气的化学组成：

烃类气体：甲烷（CH_4）占 70%～98%，乙烷（C_2H_6）、丙烷（C_3H_8）、丁烷（C_4H_{10}）和戊烷（C_5H_{12}）少量。

非烃类气体：硫化氢（H_2S）、硫醇（RSH）、硫醚（RSR）、二氧化碳（CO_2）、一氧化碳（CO）、氮（N_2）及水汽（H_2O）；微量稀有气体，如氦（He）和氩（Ar）等。

2. 天然气分类

① 天然气按矿藏分类，可分为以下几类。

气藏气：主要含甲烷，含量达 80% 以上，乙烷至丁烷的含量一般不大，戊烷以上的重烃或含量甚微，或不含。

油藏气，也称伴生气：包括溶解气和气顶气，它的特征是乙烷和乙烷以上的烃类含量较气藏气高。

凝析气藏采出的天然气，除含大量的甲烷外，戊烷和戊烷以上的烃类含量也较高，即含有汽油成分。

② 若按井口流出物中 C_5 或 C_3 以上液态烃含量多少划分，则有以下分类。

干气：每一标准立方米井口流出物中，C_5 以上重烃液体含量低于 $13.5cm^3$ 的天然气。
湿气：每一标准立方米井口流出物中，C_5 以上重烃液体含量超过 $13.5cm^3$ 的天然气。
富气：每一标准立方米井口流出物中，C_3 以上烃类液体含量超过 $94cm^3$ 的天然气。
贫气：每一标准立方米井口流出物中，C_3 以上烃类液体含量低于 $94cm^3$ 的天然气。

③ 天然气按其含硫量的多少，可以划分为净气和酸气，即每 $1m^3$ 天然气中含硫量小于 1g 者称为净气，大于 1g 的为酸气。

3. 天然气组成的表示方法

为了了解天然气的组成，可以对天然气组分进行全分析，目前世界上和我国采用的分析仪器为气相色谱仪。表示天然气组成的方法有以下三种。

(1) 摩尔组成

摩尔组成：各组分的摩尔数占总摩尔数的分数。目前最常用的一种表示方法，符号 y_i 表示，其表达式为

$$y_i = \frac{N_i}{\sum_{i=1}^{n} N_i} \tag{2-7}$$

式中 N_i ——气体中组分 i 的摩尔数；

$\sum_{i=1}^{n} N_i$ ——气体总摩尔数。

摩尔组成可用百分数表示，也可用小数表示，故也称摩尔分数。

(2) 体积组成

体积组成：各组分的体积占总体积的分数，用符号 y_i 表示。

$$y_i = \frac{V_i}{\sum_{i=1}^{n} V_i} \tag{2-8}$$

式中 V_i ——气体中组分 i 的体积；

$\sum_{i=1}^{n} V_i$ ——气体总体积。

考虑天然气为遵循阿伏伽德罗定律的混合气体（即在标准状态下 1mol 的气体体积为 22.4L），此时天然气中任何组分的其体积组成与摩尔组成相等。

(3) 质量组成

质量组成：各组分的质量占总质量的分数，用符号 G_i 表示。

$$G_i = \frac{W_i}{\sum_{i=1}^{n} W_i} \tag{2-9}$$

式中 W_i ——气体中组分 i 的质量；

$\sum_{i=1}^{n} W_i$ ——气体总质量。

因为

$$\frac{W_i}{M_i} = N_i$$

故将质量换算为摩尔组成，可利用下式

$$y_i = \frac{W_i/M_i}{\sum_{i=1}^{n}(W_i/M_i)} \tag{2-10}$$

式中 M_i——气体中组分 i 的分子量。

除天然气可用摩尔组成等三种方式表示其组成关系外，原油的组成也同样可用上述方式表示。

4. 天然气分子量

由于天然气是多组分组成的混合气体，没有分子式，也就不能由分子式算出分子量。引用"视分子量"的概念解决混合物的分子量问题。天然气的分子量是一种人为假想的分子量，故称为视分子量、平均分子量。通常称为天然气的分子量。

天然气分子量：标态下 1mol（0℃、1atm❶、22.4L）天然气具有的质量，即平均分子量、视分子量。确定方法为

$$M = \sum_{i=1}^{n} y_i M_i \tag{2-11}$$

式中 M——天然气视分子量；

y_i——天然气各组分的摩尔组成；

M_i——天然气中组分 i 的分子量。

二、天然气状态方程和对应状态原理

天然气从地层流向井底再流到地面，其能量计算和相平衡计算，都与天然气的压力、体积及温度有关。表述气体压力、体积与温度关系的方程统称为气体状态方程

$$f(p, V, T) = 0 \tag{2-12}$$

1. 理想气体状态方程

理想气体：假定与总气体所占有的体积相对比，分子占有的体积是微不足道的；分子之间，或分子与容器壁之间，都不存在吸引力和排斥力；分子碰撞完全是弹性的，也就是说，碰撞不损失内能。

根据波义耳-查理定律，理想气体的压力和体积的乘积与温度成正比关系，故理想气体的状态方程可表示为

$$pV = nRT \tag{2-13}$$

式中 n——气体的摩尔数；

R——通用气体常数。

理想气体的状态方程描述温度和压力变化时理想气体的状态，使用范围有限。因为已知气体性质与理想气体完全不同，实际气体在高压条件下，分子间的作用力以及分子本身的体积均不能忽略不计。为此，范德华提出校正系数，将理想气体状态方程修正到适用于实际气体。如下

$$\left(p + \frac{n^2 a}{V^2}\right)(V - nb) = nRT \tag{2-14}$$

---

❶ 1atm=101.325kPa。

$$\left(p+\frac{a}{V_M^2}\right)(V_M-b)=RT \tag{2-15}$$

式中 V_M——每摩尔气体的体积；

a，b——范德华常数，取决于气体类型。

式(2-14)和式(2-15)中，压力修正项补偿分子间吸引力的影响，即考虑这样一个事实，气体作用于容器壁面的压力比理想气体的作用压力少$\frac{n^2 a}{V^2}$。常数b是对总体积校正，因为分子本身要占去一定体积。常数a和b代表一定气体本身的特征。

此外，范德瓦尔方程描述实际气体状态在较低压下准确，应用上也受限制。

2. 真实气体——天然气的状态方程

真实气体——天然气的状态方程：在理想气体状态方程中引入一个校正系数来获得实际气体状态方程，因此，天然气的状态方程（压缩状态方程）可表示为

$$pV=ZnRT \tag{2-16}$$

式中 Z——压缩因子。

压缩因子Z的物理意义：在给定温度、压力下，实际气体占有的体积与相同温度和压力下的理想气体所占有的体积之比，即可表示为：

$$Z=\frac{V_{\text{实际气体}}}{V_{\text{理想气体}}} \tag{2-17}$$

一方面由于实际气体分子本身具有体积，故较理想气体难压缩；另一方面分子间存在的引力又使实际气体较理想气体易于压缩。压缩因子Z的大小正是反映这两个相反因素的综合结果。

当$Z>1$时，即实际气体较理想气体难于压缩；当$Z<1$时，即实际气体较理想气体容易压缩；当$Z=1$时，实际气体成为理想气体。

如何求得实际气体的Z值，是应用压缩状态方程的关键和难点。压缩因子随气体组成、温度和压力而变化。它主要通过室内实验来测定。压缩因子的实验测定结果一般用图表方式表示，基本形状如图2-6所示。由图可见，实际气体只有在很低压力下，才与理想气体性质接近。当压力增大到某一数值之前，Z值是减小的，这是由于实际气体分子之间具有吸引力，使实际气体比理想气体更易压缩。当压力增大至一定范围，由于分子间距离缩短产生排斥力，以及分子本身体积的影响，导致实际气体难于压缩，故Z值反而增大。温度影响的总趋势是温度增加Z值增大。这是由于温度升高，气体分子的动能加大，削弱了实际气体分子间的作用力。

根据天然气的压缩状态方程，只要知道了某气体在一定压力、温度下的压缩因子，就可进行有关的PVT计算。对于单组分纯烃气体，一定压力、温度下的Z值可直接查图2-6等图。

天然气是多组分烃类气体的混合物，其Z值的确定需要用对比参数法；而且天然气中含有非烃成分时，还要做必要的校正。

3. 对应状态原理

对气体混合物的研究，范德华于1873年提出了对应状态理论。这个对应状态理论设想了从对比压力p_r、对比温度T_r和对比体积V_r上看，任何气体（包括气体混合物）都具有相同的性质，其对比参数定义为：

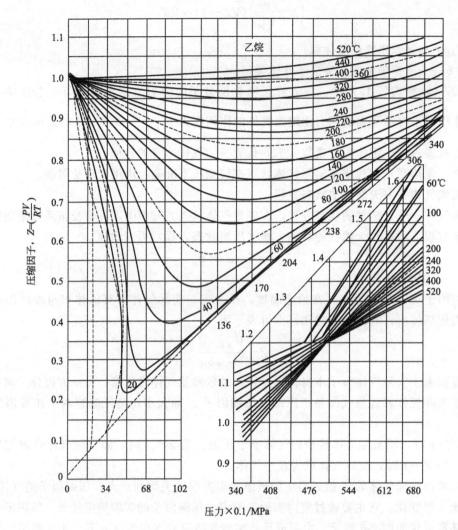

图 2-6　60℃条件下，乙烷的压缩因子与压力的函数关系图

| 对比压力 | $p_r = \dfrac{p}{p_c}$ | (2-18) |

| 对比温度 | $T_r = \dfrac{T}{T_c}$ | (2-19) |

| 对比体积 | $V_r = \dfrac{V}{V_c}$ | (2-20) |

式中　p，T，V——分别为气体所处的压力、温度和体积；
　　　p_c，T_c，V_c——分别为该气体的临界压力、临界温度和临界体积。

用对比参数表示的范氏状态方程为

$$\left(p_r + \frac{3}{V_r^2}\right)\left(V_r - \frac{1}{3}\right) = \frac{8}{3}T_r \tag{2-21}$$

式(2-21)中不含与气体类型有关的特性参数，因而是一个通用性方程，适用于任何气体。

对应状态：两种气体，当对比压力、对比温度相同时，若对比体积也近似相同，则称这两种气体处于同一对应状态。实验证实，各种真实气体都满足此规律。

对应状态原理：当两种气体，处于同一对应状态时，气体的内涵性质如偏差系数、黏度等也近似相同。所以对于单组分烃类气体，只要知道其对比压力 p_r 和对比温度 T_r，就很容易从图 2-7 查出其压缩因子 Z。

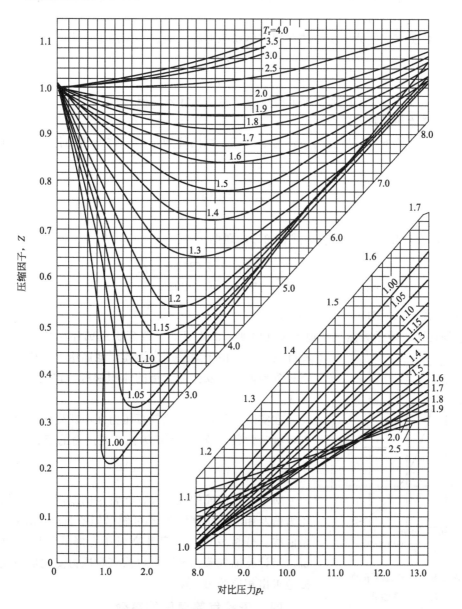

图 2-7　纯烃类气体 p_r、T_r 和 Z 的关系图

三、天然气体积系数

1. 天然气体积系数的概念

天然气的体积系数是指天然气在油气藏条件下的体积与它在地面标准状况下所占体积的

比值，该值远小于1，其表达式为

$$B_g = \frac{V_g}{V_{gs}} \quad (2\text{-}22)$$

式中　B_g——天然气体积系数；
　　　V_g——油气藏条件下天然气的体积，m^3；
　　　V_{gs}——地面标准状况下天然气的体积，m^3，标准状况通常指温度20℃，压力为0.1MPa。

在标准状况下，气体体积可按理想气体状态方程来表述（即压缩因子$Z_0=1$）

$$V_{gs} = \frac{nRT_0}{p_0} \quad (2\text{-}23)$$

式中　p_0，T_0，V_{gs}——标准状况下的压力、温度和气体体积。

2. 天然气体积系数的求取

在油气藏条件下，如压力为p，温度为T，则同样数量的气体所占的体积V_g可按压缩状态方程求出，即

$$V_g = \frac{ZnRT}{p} \quad (2\text{-}24)$$

将式(2-23)和式(2-24)代入式(2-22)，则得

$$B_g = \frac{V_g}{V_{gs}} = \frac{ZTp_0}{T_0 p} = \frac{Z(273+t)p_0}{293p} \quad (2\text{-}25)$$

式中，$p_0 = 0.1$MPa；$T_0 = 20$℃。

B_g描述了一定量天然气从地下采到地面，由于T、p改变引起的体积膨胀的大小。在实际气藏中，由于地层压力远高于地面压力，故天然气由地下采到地面后会发生数十倍的体积膨胀，致使B_g数值远小于1。

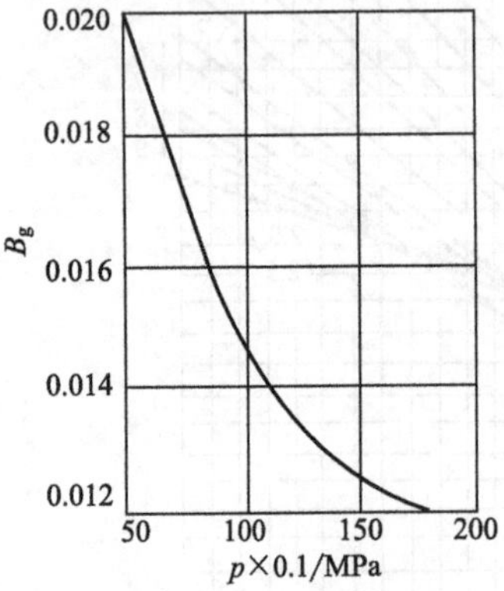

在实际油气藏中，油气藏压力在不断变化，油气藏温度则可视为常数，故B_g可视为油气藏压力的函数，即

$$B_g = \frac{CZ}{p} \quad (2\text{-}26)$$

对于一定组成的天然气，在特定的温度下，根据不同的压力值及相应的压缩因子Z可做出如图2-8所示的B_g-p关系曲线。分析发现，温度升高或压力降低都使体积系数降低。当计算油气藏储量时，可按气藏压力变化从曲线上很方便地求出相应的B_g值。

图2-8　一定温度下的B_g-p关系曲线

四、天然气等温压缩系数

1. 天然气压缩系数的概念

油气田开发过程中，随着压力的改变，气体体积变化的程度也是必要的参数，由此引入气体等温压缩系数。气体压缩系数C_g亦称气体等温压缩系数：等温条件下，天然气单位压力变化时，气体体积的相对变化率。单位：MPa^{-1}。其表达式为

$$C_g = -\frac{1}{V}\left(\frac{\partial V}{\partial p}\right) \tag{2-27}$$

物理意义：在温度一定时，当体系压力改变单位压力时，单位体积天然气的体积改变量。

2. 天然气压缩系数的求取

(1) 单组分烃的 C_g 值

式(2-25)气体体积的变化率可按实际气体压缩状态方程来求，由

$$V = nRT\frac{Z}{p}$$

可得

$$\left(\frac{\partial V}{\partial p}\right)_T = \frac{nRT}{p}\left(\frac{\partial Z}{\partial p}\right)_T - \frac{ZnRT}{p^2} = \left(\frac{ZnRT}{p}\right)\frac{1}{Z}\left(\frac{\partial Z}{\partial p}\right)_T - \left(\frac{ZnRT}{p}\right)\frac{1}{p}$$

有

$$\frac{1}{V}\left(\frac{\partial V}{\partial p}\right)_T = \frac{1}{Z}\left(\frac{\partial Z}{\partial p}\right)_T - \frac{1}{p}$$

所以

$$C_g = \frac{1}{p} - \frac{1}{Z}\left(\frac{\partial Z}{\partial p}\right)_T \tag{2-28}$$

式(2-28)中 Z 和 $\partial Z/\partial p$ 可按图求得，即由相应的温度和压力在 Z-p 曲线上查出 Z 值和该点相应的斜率 $\frac{\Delta Z}{\Delta p}$，便可计算出 C_g 值。在不同压力下，$\frac{\Delta Z}{\Delta p}$ 值不同。低压时，压缩因子 Z 随压力增加而减小，故 $\frac{\Delta Z}{\Delta p}$ 为负；而在高压时，Z 随 p 的增加而增加，故 $\frac{\Delta Z}{\Delta p}$ 为正。

(2) 多组分烃的 C_g 值

对于多组分的天然气，利用对应状态定律将式(2-18)、式(2-19)变换为视对比参数形式，从而便于天然气 C_g 值的计算。

由式(2-18)可知视对比压力为

$$p_{pr} = \frac{p}{p_{pc}} \text{ 或 } p = p_{pc}p_{pr}$$

由于

$$\frac{\partial Z}{\partial p} = \left(\frac{\partial Z}{\partial p_{pr}}\right)\left(\frac{\partial p_{pr}}{\partial p}\right)$$

且

$$\frac{\partial p_{pr}}{\partial p} = \frac{1}{p_{pc}}$$

因此

$$\frac{\partial Z}{\partial p} = \frac{1}{p_{pc}}\left(\frac{\partial Z}{\partial p_{pr}}\right)$$

将这些关系式代入式(2-28)得

$$C_g = \frac{1}{p_{pc}p_{pr}} - \frac{1}{Zp_{pc}}\left(\frac{\partial Z}{\partial p_{pr}}\right) \tag{2-29}$$

或

$$C_{pr} = C_g p_{pc} = \frac{1}{p_{pr}} - \frac{1}{Z}\left(\frac{\partial Z}{\partial p_{pr}}\right) \tag{2-30}$$

由于 C_g 的因次是压力的倒数，故 $C_g p_{pc}$ 是无因次量，它可定义为视对比压缩系数 (C_{pr})。式(2-30)为计算天然气压缩系数的常用公式。

已知天然气的组成及相应压力温度条件，便可算出视临界参数及视对比参数，并利用天然气的压缩因子图求得 Z 值及该点的 $\frac{\Delta Z}{\Delta p_{pr}}$，然后按式(2-28)或式(2-30)便可算出 C_g 值。

根据视对比参数亦可直接由天然气视对比压缩系数图查出 C_{pr}，如图 2-9 所示，进而求得 C_g。

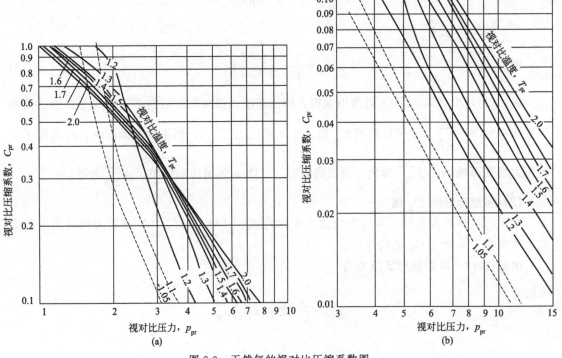

图 2-9 天然气的视对比压缩系数图

五、天然气的密度和相对密度

地下天然气的密度：地下单位体积天然气的质量，即

$$\rho_g = \frac{m_g}{V_g} \tag{2-31}$$

式中 ρ_g ——地下天然气的密度，g/cm^3；

m_g ——地下天然气的质量，g；

V_g ——地下天然气的体积，cm^3。

由于地下天然气处于高压下,其体积大大被压缩,故其密度就比地面的大得多。为应用方便,矿场上常采用天然气的相对密度这一物理量。天然气相对密度:在20℃,0.101MPa下天然气的密度与干燥空气的密度之比。天然气的相对密度是无因次量,可表示为

$$\gamma = \frac{\rho_g}{\rho_a} \quad (2-32)$$

式中 ρ_g——天然气密度;
ρ_a——空气密度。

根据天然气的状态方程可知

$$V_g = \frac{ZnRT}{p}$$

故

$$\rho_g = \frac{m_g p}{ZnRT} = \frac{M_g p}{ZRT} \quad (2-33)$$

式中 M_g——天然气的视分子量($M_g = m_g/n$)。

根据式(2-32)及相对密度的定义可得

$$\gamma = \frac{M_g p / Z_g RT}{M_a p / Z_a RT} = \frac{M_g / Z_g}{M_a / Z_a} \quad (2-34)$$

假设天然气和空气两者的特性都近似为理想气体,即天然气的压缩因子(Z_g)和空气的压缩因子(Z_a)都视为1,则

$$\gamma = \frac{M_g}{M_a} = \frac{M_g}{28.97} \quad (2-35)$$

式中 M_g——天然气的(视)分子量;
M_a——空气的(视)分子量,$M_a = 28.97$。

严格的讲,式(2-35)只是在天然气和空气遵从理想气体定律,或者天然气和空气的性质完全相同时,才是真实的。但通常天然气的相对密度都是按式(2-35)来计算。并且按照假定,气体相对密度可近似地认为是不随温度和压力变化的常数。

天然气的相对密度一般在0.5~0.7之间,个别含重烃或其他非烃成分多者可能大于1。

六、天然气的黏度

1. 黏度的概念

黏度是气体(或液体)内部摩擦阻力的量度。当气体内部相对运动时,都会因分子的摩擦而产生内部阻力。黏度越大,阻力越大,气体流动就越困难。

如图2-10所示,设有两平行气层相距dy,上层流动速度为$v+dv$,下层流动速度为v,两层间的相对速度为dv;层和层间的接触面积为A,其间内摩擦阻力为F。由于气体分子热运动的结果,速度较快的上层分子不时地跳入速度较慢的下层,促使下层分子速度加快;速度较慢的下层分子也不时地跳入速度较快的上层,促

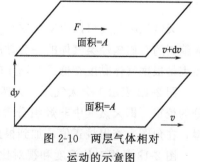

图2-10 两层气体相对运动的示意图

使上层分子速度减慢；此即所谓气体内摩擦，其产生的阻力根据实验可得

$$\frac{F}{A} \propto \frac{\mathrm{d}v}{\mathrm{d}y} \tag{2-36}$$

写成等式则为

$$\frac{F}{A} = \mu_g \frac{\mathrm{d}v}{\mathrm{d}y} \tag{2-37}$$

式中 $\frac{\mathrm{d}v}{\mathrm{d}y}$——速度梯度，(cm/s)/cm；

μ_g——两流动气层相对运动的阻力系数，即动力黏度，Pa·s。

2. 天然气黏度与温度、压力的关系

天然气的黏度与温度、压力和气体组成有关，并且其在低压（接近0.1MPa）下和高压（>30×0.1MPa）下的变化规律有明显的不同。

低压下，由于气体分子间距离大，分子热运动碰撞是形成气体内摩擦阻力的主要原因。根据气体分子运动理论，此时气体黏度可表示为

$$\mu_g = \frac{1}{3}\rho_g \bar{v} \bar{\lambda} \tag{2-38}$$

式中 ρ_g——气体密度；

$\bar{v}$——气体分子平均运动速度；

$\bar{\lambda}$——气体分子平均自由程。

式(2-38)表明，$\bar{v}$，ρ_g，$\bar{\lambda}$ 三个量中，分子 $\bar{v}$ 与压力无关，气体密度 ρ_g 与压力成正比，而分子平均自由程 $\bar{\lambda}$ 与压力成反比，从而使压力变化带来的 ρ_g 与 $\bar{\lambda}$ 的影响相互抵消，所以在接近大气压的低压范围内气体的黏度与压力无关。

由于气体分子的热运动，随温度的增加，气体分子运动速度增加，故黏度增大。气体分子量增加时，分子运动速度则减慢，所以黏度减小。图2-11为0.1MPa压力下单组分气体的黏度图。图中表明了上述变化关系，而且从非烃气体的黏度变化曲线还可看出，非烃气体的黏度比烃类气体的黏度大。因此，当天然气中非烃成分含量较高时，必须对从图上查得的黏度值予以修正。

如果压力在30×0.1MPa以上，如气层条件，上述黏度变化规律就不再适用了。因为在高压条件下，气体分子密度加大，分子彼此靠近，分子间的相互作用力才是形成气体内摩擦阻力的主要因素，其作用机理与液体类似。

在高压条件下，气体黏度的变化规律是，随压力的增加而增大，随温度的增加而减小，随气体分子量的增加而增大。由此可见，气体的黏度在高压下与低压时的变化规律是截然不同的。

天然气的黏度可以由实验室直接测定，也可以用编制好的有关图表进行计算。由卡尔等人编制的石蜡族烃类气体的一套黏度计算图表（图2-12和图2-13）便是常用的一种。这套图表是根据气体黏度在低压与高压时截然不同的变化特征编制的。

图2-12表示1个大气压下天然气黏度与分子量和地层温度的关系，并且还附有非烃成分的校正。即天然气中非烃组分含量高时，需根据非烃组分摩尔分数和天然气相对密度资料，在角图上查得校正值，加到根据主图查得的黏度值上。

图2-13是视对比温度和视对比压力与相对黏度（μ_g/μ_{g1}）的关系曲线，曲线反映高压

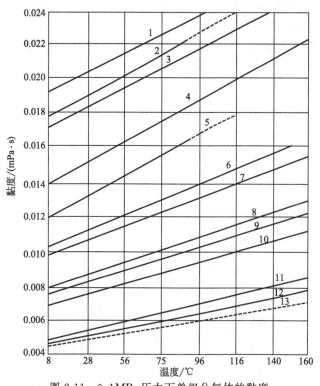

图 2-11 0.1MPa 压力下单组分气体的黏度

1—He；2—空气；3—N_2；4—CO_2；5—H_2S；6—CH_4；7—C_2H_6；8—C_3H_8；9—iC_4H_{10}；10—nC_4H_{10}；11—nC_5H_{18}；12—nC_9H_{20}；13—$nC_{10}H_{22}$

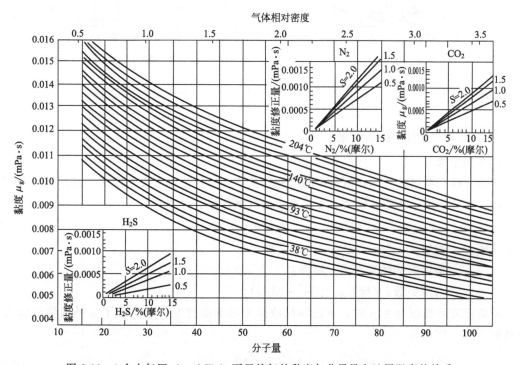

图 2-12 1 个大气压（0.1MPa）下天然气的黏度与分子量和地层温度的关系

下天然气的黏度特征。根据这两类图,以及天然气的组成,所处的压力、温度条件等,就可以计算出天然气的黏度。其计算过程如下。

① 首先根据天然气的视分子量(或天然气相对密度 γ_g)和地层温度从图 2-12 查出 0.1MPa 时天然气的黏度 μ_{g1}。

② 根据天然气组成摩尔分数算出视临界压力和视临界温度,再根据地层压力和温度算出视对比压力和视对比温度。

③ 从图 2-13 查出 μ_g/μ_{g1},最后按式(2-39)求得天然气的黏度为

$$\mu_g = \mu_{g1} \times \frac{\mu_g}{\mu_{g1}} \tag{2-39}$$

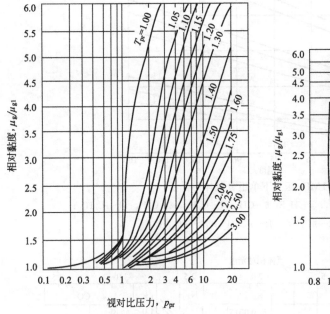
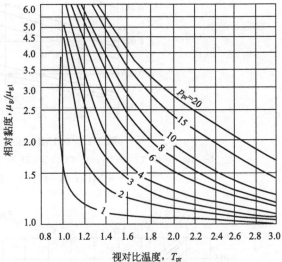

图 2-13 μ_g/μ_{g1} 与 p_{pr}、T_{pr} 关系图

七、天然气向原油中溶解

1. 亨利定律

亨利定律:单组分气体在液体中的溶解服从亨利定律,即温度一定时,其溶解度与压力成正比。主要适用于性质差别大、不易互溶的气液体系。公式为

$$R_s = \alpha \cdot p \tag{2-40}$$

式中 R_s——溶解度,(标) m^3/m^3(地面油);

p——溶解时的体系压力,MPa;

α——溶解系数,(标) $m^3/(m^3 \cdot MPa)$。

溶解度表示当压力为 p 时,单位体积液体中溶解的气量。它反映了某种液体溶解某种气体的能力。公式为

$$R_s = \frac{V_{g标}}{V_{os}} \tag{2-41}$$

溶解系数α表示温度一定，每增加单位压力时，单位体积液体中溶解气量的增加值。它反映了某种油溶解某种气的难易程度。与单组分气体性质有关：气体分子量越高，溶解系数以及溶解度越高。单组分溶解曲线如图2-14所示。

2. 影响因素

（1）p的影响

天然气溶解曲线表现为OA曲线段和AB直线段，如图2-15所示。OA段：$p\uparrow \to \alpha\downarrow$，$\alpha$随$p$而变。$AB$段：$\alpha=$常数，$AB$段的$\alpha<OA$段的$\alpha$。根据亨利定律使用条件，天然气的$R_s$与$p$的关系不满足亨利定律。原因在于天然气与石油同是化学结构相近的烃类物质，且天然气是多组分烃类混合物。

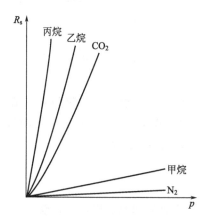

图2-14 单组分溶解曲线

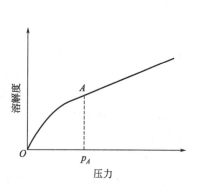

图2-15 天然气在原油中的溶解曲线

对于一个给定油藏的原油体系，其溶解度与压力的关系应为图2-16所示。压力高于饱和压力时，体系已为单相油，故随着压力增加，溶解度几乎不再变化。当压力低于饱和压力时，溶解度与压力关系为斜率不断变化的曲线，这表明天然气在不同压力下的溶解系数不是常数。

（2）T的影响

压力、体系组成一定时，随温度的增加，天然气溶解度随着降低；温度变化一定时，高压时溶解度的降低更大，如图2-17所示。

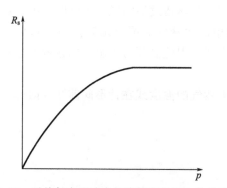

图2-16 天然气在石油中的溶解度与压力的关系

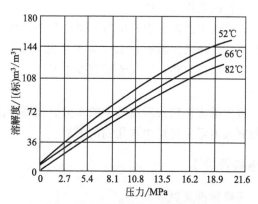

图2-17 不同温度下溶解度曲线

(3) 体系组成的影响

重烃组分气体在石油中溶解度大；原油相对密度越大，天然气溶解度越小。

天然气在原油中的溶解规律：油越轻，气越重，天然气的 R_s 越大；体系温度越低，天然气的 R_s 越大；体系压力越高，天然气的 R_s 越大。

八、天然气中的水蒸气和水化物的形成

1. 天然气中的水蒸气含量

实际储油气层通常都含有束缚水，一般可认为在地层处于气相的烃类气体混合物是被水蒸气所饱和的。在地层气体中所含的水量，取决于地层的温度和压力条件。

在通常的油气藏工程计算中，水蒸气的含量一般不考虑，因为它的含量很低。但是，对于一般的输气工程，为了防止水化物的形成，则必须进行脱水。

2. 天然气水化物的形成

在自然界的低温条件下，天然气（除氦、氖、氢外）能够与水结合，形成结晶水化物（或称水合物），该性质对天然气流动有重要影响。

在一定温度、压力下，天然气会与水相互作用而形成水化物。水化物为固体结晶物，像雪或冰，密度为 $0.88 \sim 0.90 \text{g/cm}^3$，通式为 $M \cdot H_2O$，式中 M 为形成水化物的气体分子。一般而言，1m^3 气体水化物中含有 0.9m^3 的水和 $70 \sim 240\text{m}^3$ 的气。

3. 影响因素

(1) 气体的组成

气体水化物分子的大小，由参与形成水化物的气体成分如氮、甲烷、乙烷、丙烷、异丁烷、二氧化碳、硫化氢等决定。其分子直径小于 6.7Å（$1\text{Å}=10^{-10}\text{m}$），均可形成水化物；分子直径大于 6.7Å 的气体（如正丁烷），则不能形成水化物；分子直径太小的气体（如氢），由于它同水分子的范德华力太小，不足以使水化物的晶格稳定，也不能形成水化物。但当存在大量甲烷时，氢和正丁烷等气体亦可参与形成水化物。

(2) 水的化学性质

存在液态水，晶种形成，水化物就会很快出现。此外，水的化学性质还与压力和温度条件有关。

4. 存在危害及其解决措施

天然气水合物可在极地永久冻土带和海底生成。因天然气水合物中富含天然气，可作为一种潜在的新能源矿产。

天然气生产过程中，压力和温度都会降低，特别当气体通过油嘴或针形阀时，因节流压力突降，气体发生膨胀，温度大大降低，此时气体中的水蒸气会凝析出来。一旦水化物形成，就会堵塞管路，使气流受阻或中断，影响正常生产，因此必须防止水化物在输气过程中形成。

解决措施：脱去天然气中的水分、提高节流前天然气的温度或在针形阀前注入防冻剂等都能有效地阻止管线中水化物的形成。

【考核评价】

考核标准见表 2-3。

表 2-3 天然气高压物性测算评分标准

序号	考核内容	评分要素	配分	评分标准	备注
1	天然气压缩因子求取	收集数据 ①天然气组分分析数据 ②天然气类型和相对密度	5	不能正确说出收集原则扣5分	
		若符合① $$p_{pc}=\sum y_i p_{ci}$$ $$T_{pc}=\sum y_i T_{ci}$$ 若符合②,由图直接查出视临界参数(p_{pc}、T_{pc})	10	不能根据已有数据正确选择处理方法各扣5分	
		计算视临界参数时,当非烃含量很少(如$N_2<2\%$,$CO_2<1\%$)时,按视对比参数求出 Z 值,其误差小于3%。如果天然气中同时含有 H_2S 和 CO_2 两种非烃成分,且浓度较高时,引入了一个以 H_2S 和 CO_2 的浓度为函数的视临界温度校正系数,首先校正视临界温度;然后再校正视临界压力	20	未根据非烃含量确定是否校正视临界参数扣5分;不能正确确定校正系数扣5分;不能正确校正视临界参数各扣5分	
		计算出天然气的视对比参数(p_{pr},T_{pr}) $$p_{pr}=\frac{p}{p_{pc}}=\frac{p}{\sum_{i=1}^{n}y_i p_{ci}}$$ $$T_{pr}=\frac{T}{T_{pc}}=\frac{T}{\sum_{i=1}^{n}y_i T_{ci}}$$ 按视对比参数查图,即可得出 Z 值	10	对比参数计算不正确扣5分;查图方法使用不正确扣5分	
2	天然气体积系数求取	$$B_g=\frac{V}{V_{sc}}=\frac{ZT p_{sc}}{T_{sc} p}=Z\frac{273+t}{293}\frac{p_{sc}}{p}$$	10	不能正确代入求取公式中参数扣10分	
3	天然气等温压缩系数求取	计算步骤: ①根据 y_i 或相对密度计算 p_{pc} 和 T_{pc} ②计算拟对比参数 p_{pr} 和 T_{pr} ③查 Z-(p_{pr},T_{pr})图求 Z ④用 Z-(p_{pr},T_{pr})图求取 Z 点的斜率 $$C_g=\frac{1}{p_{pc}}\left(\frac{1}{p_{pr}}-\frac{1}{Z}\frac{\partial Z}{\partial p_{pr}}\right)$$	15	不能按已有数据计算视临界参数扣5分;不能通过查图确定 Z 及过 Z 斜率扣5分;不能正确列出等温压缩系数计算公式扣5分	
4	天然气黏度求取	高、低压影响判定:根据 T_{pr}、p_{pr} 查图	5	未对高压进行判定扣5分	
		低压下天然气黏度的求取: 根据温度和天然气的相对密度查图2-4 若天然气含非烃气体 H_2S,CO_2,N_2,应进行非烃校正,根据天然气中非烃的含量,查黏度图版得黏度修正值,附加到根据黏度图版查得的黏度值,得到天然气的黏度	10	不会查图扣5分;未进行轻烃校正扣5分	
		高压下气体黏度的求取: ①先求得低压下气体黏度 μ_{g1} ②高压校正,计算对比参数: 单组分气体:p_r,T_r 天然气:p_{pr},T_{pr} 查 μ_g/μ_{g1}-(p_r,T_r)图,求得 μ_g/μ_{g1} 高压下气体的 μ_g: $$\mu_g=\frac{\mu_g}{\mu_{g1}}\mu_{g1}$$	15	不能正确计算天然气视对比参数扣5分;不能正确查图版求取 μ_g/μ_{g1} 扣10分	

续表

序号	考核内容	评分要素	配分	评分标准	备注
5	考核时限	30min,到时停止操作考核			
		合计 100 分			

任务二 地层油高压物性测定

教学任务书见表2-4。

表 2-4 教学任务书

情境名称	储层流体性质测定		
任务名称	地层油高压物性测定		
任务描述	泡点压力测定;一次脱气;地层油黏度测量;数据处理		
任务载体	地层油油样;PVT高压物性仪		
学习目标	能力目标	知识目标	素质目标
	1.能够正确地完成地层原油高压物性的测定操作(图2-18) 2.能够正确地完成测定数据的处理	1.掌握地层油样本的准备方法 2.掌握地层油高压物性的测定方法与原理 3.掌握测定数据的处理方法	1.培养学生团队意识 2.培养学生观察、思考、自主学习的能力 3.培养学生爱岗敬业、严格遵守操作规程的职业道德素质

【任务实施】

一、泡点压力测定

1. 粗测泡点压力

从地层压力起点以恒定的速度退泵,压力以恒定速度降低,当压力下降速度减慢或不下降甚至回升时,停止退泵。稳定后的压力即为粗测的泡点压力。

2. 细测泡点压力

① 升压至地层压力,让析出的气体完全溶解到油中。从地层压力开始降压,每降低一定压力(如 2.0MPa)记录压力稳定后的泵体积读数。

② 当压力降至泡点压力以下时,油气混合物体积每次增大一定值(如 $5cm^3$),记录稳定以后的压力(泡点压力前后至少安排四个测点)。

二、一次脱气

① 将 PVT 筒中的地层原油加压至地层压力,搅拌原油样品使温度、压力均衡,记录泵的读数。

② 取一个干燥洁净的分离瓶称重,将量气瓶充满饱和盐水。

③ 将分离瓶安装在橡皮塞上,慢慢打开放油阀门,保持地层压力不变排出一定体积的地层油,当量气瓶液面下降 100~150mL 时,关闭放油阀门,停止排油。记录计量泵的读数。

④ 提升盐水瓶，使盐水瓶液面与量气瓶液面平齐，读取分离出的气体体积，同时记录室温、大气压。

⑤ 取下分离瓶，称重并记录。

三、地层油黏度测量

① 将地层油样转到落球黏度计的标准管中，加热至地层温度。

② 转动落球黏度计使带有阀门的一端（上部）朝下，按下"吸球"开关，使钢球吸到上部的磁铁上。

③ 转动落球黏度计使其上部朝上，固定在某一角度。按下"落球"开关，钢球开始下落，同时计时开始。当钢球落到底部时自动停止计时，记录钢球下落时间。重复3次以上，直到所测的时间基本相同为止。

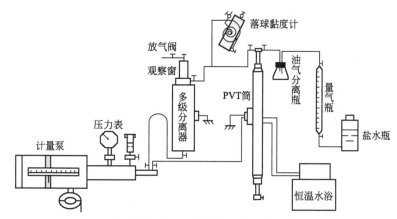

图 2-18 高压物性试验装置流程图

四、数据处理与计算

1. 泡点压力确定

根据测定的一系列压力 p 和相应的积累体积差 ΔV（或地层油体积），绘制 $p\text{-}\Delta V$ 关系图，由曲线的拐点求出泡点压力值。

2. 地层油物性参数计算

① 计算脱气原油体积 V_o：根据脱气原油的质量 G_0 和密度 ρ_{os}，由下式进行计算地面脱气油的体积：$V_o = \dfrac{G_o}{\rho_{os}}(\text{cm}^3)$

② 计算标准状况下分离出气体的体积 V_{gsc}：将在室温条件下测得的分出的气量 V_{gL}，用下式转换成标准状态（20℃，760mmHg❶）下的体积 V_{gsc}：$\dfrac{p_{sc}V_{gsc}}{293} = \dfrac{p_L V_{gL}}{273+t_L}$，其中 t_L 为室温，单位℃；p_{sc}、p_L 为标准状态及室温对应的大气压力，单位 MPa。

③ 计算地层油的溶解气油比 R_s：$R_s = \dfrac{V_{gsc}}{V_o}(\text{cm}^3/\text{cm}^3)$

④ 计算地层原油体积系数 $B_o = \dfrac{V_o}{V_{os}}$；原始地层压力下的体积系数：$B_{oi} = \dfrac{\Delta N}{V_o}$

---

❶ 1mmHg≈133.32Pa。

式中 ΔN——原油脱气前后泵的读数差。

⑤ 计算原油的收缩率 u：$u = \dfrac{B_o - 1}{B_o} \times 100\%$

⑥ 计算地层原油的密度 ρ_{of}：$\rho_{of} = \dfrac{G_o + V_{gsc}\rho_{gsc}}{\Delta N}$ （g/cm³）。其中，ρ_{gsc} 为标准状态下天然气的密度，单位 g/cm³。

原始数据见表 2-5～表 2-7。

表 2-5　压力与体积关系测定原始记录

地层压力=　　　　地层温度=　　　　粗测饱和压力=

压力/MPa	泵读数/cm³	体积差/cm³	累积体积差/cm³

表 2-6　地层有单次脱气实验原始记录

室温=　　　　　　　　　　脱气油密度=
大气压=　　　　　　　　　脱出气体密度=

计量泵刻度/cm³		地下油体积 $(N_2 - N_1)$ /mL	脱气油重量/g			脱气量 /mL	粗算气油比	粗算体积系数
脱气前 N_1/mL	脱气后 N_2/mL		分离瓶重 G_1/g	分离瓶+油重 G_2/g	脱气油重 $(G_2 - G_1)$ /g			

表 2-7　落球法测地层油黏度原始记录

测定温度=　　　钢球密度=　　　原油密度=

黏度倾角常数 k=						
钢球下落时间/s						

【必备知识】

地层原油特点：处于高温高压油层，原油中溶解有大量的天然气。

原油的化学组成不同是使原油性质不同和产生不同变化的内因，压力和温度则是引起各种变化的外因。

地层原油性质的研究，对油田开发动态分析、油气渗流计算、储量计算、油（气）储层评价以及油（气）藏勘探、开采与开发以及提高石油采收率都具有十分重要的意义。

一、原油的常规物性

1. 原油的组成

原油组成:石蜡族烷烃、环烷烃和芳香烃等不同烃类以及各种氧、硫、氮的化合物所组成的复杂混合物。

2. 原油的分类

(1) 按原油中胶质-沥青质含量分类

胶质-沥青质在原油中形成胶体结构,它对原油流动性具有很重要的作用,可形成高黏度的原油等。

① 少胶原油——原油中胶质-沥青质含量在8%以下。
② 胶质原油——原油中胶质-沥青质含量在8%~25%之间。
③ 多胶原油——原油中胶质-沥青质含量在25%以上。

我国多数油田产出的原油属少胶原油或胶质原油。

(2) 按原油中含蜡量分类

原油中的含蜡量常影响其凝固点,一般含蜡量越高,其凝固点越高。含蜡量对原油的开采和集输都会带来很多问题。具体分类如下。

① 少蜡原油——原油中含蜡量在1%以下。
② 含蜡原油——原油中含蜡量在1%~2%之间。
③ 高含蜡原油——原油中含蜡量在2%以上。

我国各油田生产的原油含蜡量相差很大,有的属少蜡原油,但多数属高含蜡原油。

(3) 按原油中硫的含量分类

原油中若含有硫,则对人畜有害,还会腐蚀钢材,对炼油不利,经燃烧而生成的二氧化硫会污染环境,欧美国家规定石油产品必须清除硫以后才能出售。

① 少硫原油——原油中硫的含量在0.5%以下。
② 含硫原油——原油中硫的含量在0.5%以上。

我国生产的原油,多数是少硫原油。

3. 地层原油密度

地层原油密度:单位体积地层油的质量,其数学表达式为

$$\rho_o = \frac{m_o}{V_o} \tag{2-42}$$

式中 ρ_o——地层石油的密度,g/cm^3;
m_o——地层石油的质量,g;
V_o——地层石油的体积,cm^3。

由于溶解气的关系,地层油密度比地面脱气油密度要低几个甚至十几个百分点。地层油的密度随温度的增加而降低。地层油的密度是由其组成决定的,地层油组成中轻烃组分所占比例越大,则其密度越小,反之其密度越大。地层石油密度随地层温度、压力的增加而下降,如图2-19所示。其变化关系以饱和压力为界,当压力小于饱和压力时,随压力的增加,溶解的天然气量增多,地层石油体积增大,因而石油密度减小;当压力高于饱和压力时,随压力增加,没有天然气进一步溶解,地层石油只受压力影响,因而石油密度增大。

石油密度在实验条件具备时一般都直接测定,但有时也需借用已获得的某些分析资料或

利用有关图表进行计算。其计算方法很多，这里仅介绍一些适用于油田的石油密度计算方法。

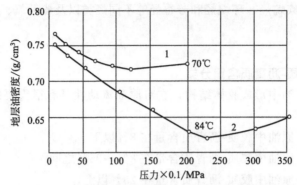

图 2-19 油层石油密度与温度、压力关系图
1—70℃阿赫提尔斯克原油；2—84℃新季米特里耶夫斯克原油

当计算压力低于或等于泡点压力下的原油密度计算（物质平衡方程计算体积系数公式）

$$\rho_o = \frac{62.4\gamma_o + 0.0136 R_s \gamma_g}{B_o} \tag{2-43}$$

式中 γ_o——地面脱气原油的相对密度；
R_s——气体的溶解度；
ρ_o——原油密度，kg/m^3。

可得到任意指定温度和压力下计算原油密度的公式

$$\rho_o = \frac{62.4\gamma_o + 0.0136 R_s \gamma_g}{0.072 + 0.000147 \left[R_s \left(\frac{\gamma_g}{\gamma_o}\right)^{0.5} + 1.25(T-460) \right]^{1.175}} \tag{2-44}$$

4. 脱气原油的相对密度

矿场上习惯使用地面油相对密度，参数按石油行业标准。我国地面脱气原油的密度是指在常压（0.101MPa）和20℃下测定的密度，它与0.101MPa和4℃条件下纯水的密度之比，称为脱气原油的相对密度

$$\gamma_o = \frac{\rho_{os}}{\rho_{ws}} \tag{2-45}$$

西方国家的原油密度用 γ_{API} 表示，单位符号：API 度，它与 γ_o 的关系为

$$\gamma_o = \frac{141.5}{131.5 + \gamma_{API}} \text{ 或 } \gamma_{API} = \frac{141.5}{\gamma_o} - 131.5 \tag{2-46}$$

按国际上目前对原油品位的分类标准，我国油田大多数属于和中质和重质的品位（表2-8）。

表 2-8 原油品位的分类标准

分类	相对密度	
	γ_o	γ_{API}
轻质油	<0.855	>34
中质油	0.855~0.934	34~20
重质油	>0.934	<20
沥青油砂	>1	<10

注：凝析油的相对密度小于0.8。

二、地层原油的溶解气油比

1. 定义

地层油的溶解气油比 R_s：某 T、p 下的地层原油在地面脱气后，得到 $1m^3$ 脱气原油时所分离出的气量，或在油藏温度和压力下地层油中溶解的气体量。即

$$R_s = V_g / V_s \tag{2-47}$$

式中 R_s——溶解气油比，(标) m^3/m^3；

V_g——原油在地面脱出气量，(标) m^3；

V_s——地面脱气原油的体积，m^3。

2. 原始溶解气油比

图 2-20 为某地层油在一次脱气后所得的溶解气油比与压力的关系。由图 2-20 可见：随着压力的增加，溶解气油比越来越大，当 $p=p_b$（饱和压力）时，溶解气油比为 R_{si}。压力继续增大直到原始地层压力，溶解气油比不再变化而始终保持为饱和压力下的溶解气油比 R_{si}。这是因为当地层压力高于饱和压力时，地层中原油无气体脱出，地层油中所溶解的气量为最大（即 R_{si}），当地层压力降至小于饱和压力后，地层内原油便有气体逸出，溶解于原油中的气量减少，故溶解气油比减少。正是因为油藏原始压力下的原始溶解气油比与饱和压力下的溶解气油比相等，故可以将饱和压力下的溶解气油比 R_{si} 称为原始溶解气油比。

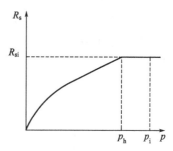

图 2-20 地层原油的溶解气油比曲线

3. 影响溶解气油比的因素

① 地层油组成：轻质组分越多，R_s 越大。

② 地层温度：$T \uparrow \rightarrow R_s \downarrow$。

③ 油层压力：$p \geq p_b$，$R_s = R_{si}$；$p < p_b$，$p \downarrow \rightarrow R_s \downarrow$。

④ 脱气方式有关：R_s（一级脱气）$> R_s$（多级脱气）。

三、天然气从原油中的分离

油气分离，即伴随着因压力降低而出现的原油脱气，这是油气生产中最常见的现象，它既可在地面油气生产过程中出现，也可在地层中进行。在实际油气生产中，由于降压的形式（逐级降压或一次降压）、生产工艺过程及条件不同，油气的分离方式通常有两种——闪蒸分离或微分分离。

1. 闪蒸分离

闪蒸分离：在等温条件下，将体系压力逐渐降低到指定分离压力，待体系达相平衡状态后，一次性排出从油中脱出的天然气的分离方式（图 2-21）。其特点是一次性连续降压，一次性脱气；体系总组成不变，油气两相始终保持接触。最终结果脱出气量多，油量少，测出的气油比高，气体相对密度大，含 C2~C5 多。

根据脱气时原油压力与体积关系（图 2-22），即脱气的 p-V 关系，如图 2-22 所示，为两相交的直线段，交点为气液开始分离的初始点，即体系的泡点，得到体系饱和压力 $p_b = p_3$（实验测体系 p_b 的依据）。

在油田，这种分离方式相当于井内产出的油气一次性进入分离器或直接进大罐进行脱

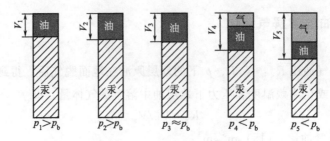

图 2-21 闪蒸分离示意图

气,油气瞬间达到平衡,即在油气分离过程中分离出的气体与油始终保持接触,体系的组成不变。为减少轻质油的损失,获得更多的地面原油,矿场上多采用增加油气分离级数的方法进行油气分离,即多级分离。

2. 微分分离

微分分离:等温降压过程中,不断使分出的天然气从体系中排出,是保持体系始终处于泡点状态的分离方式(图 2-23)。其特点是气油分离在瞬间完成,气油两相接触极短,组成不断变化。

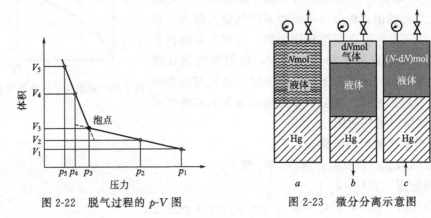

图 2-22 脱气过程的 p-V 图　　　图 2-23 微分分离示意图

3. 级次脱气

在实验室中,要严格地进行微分分离是很困难的,因此,微分分离常以级次脱气代替,级次脱气又称多级脱气。

级次脱气是指在脱气过程中,分几次降低压力,直至降到最后的指定压力为止。而每次降低压力时分离出来的气体都及时地从油气体系中排出(图 2-24)。其特点是分次降压,分

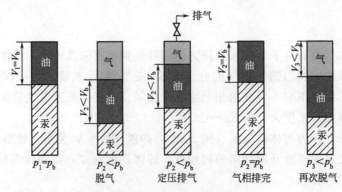

图 2-24 级次脱气示意图

次脱气；每次脱气类似于一次独立的闪蒸分离；脱气过程中体系组成要发生变化。结果：脱出气量比一次脱气少，油量比一次脱气多，测出的气油比小，气体相对密度小。

为回收更多的原油，减少轻烃的损失，矿场尽量采用多次脱气分离方式，如常用二级、三级分离等。分离级数不宜太多，否则需要增加投资，在设备和工艺管理上也就相应要复杂得多，故一般矿场上均不超过三级。

4. 不同脱气方式的分离结果差异

不同脱气方式的分离结果差异见表 2-9。

表 2-9 闪蒸分离和级次脱气对比表

方法	方式	体系组成	气油比	脱出气		脱气油	
				气量	密度	油量	密度
闪蒸分离	一次	不变	大	多	大(湿)	少	大
级次脱气	多次	变化	小	少	小(干)	多	小

5. 油田开发和生产过程中的脱气

① 在油藏压力低于饱和压力下进行开采时，一般认为在油层中的脱气过程接近于微分分离。气从油中脱出后，由于气黏度低，气比油流得快，在流向井底的过程中会形成气体超越油的流动，这一过程接近于微分分离的情况，它类似于在实验室微分（级次）脱气时不断把分离出的气体排出的过程。

② 对于厚度较大或块状油藏，在垂直渗透性较好时，由于油气重力差异，此时的油气分离又接近于闪蒸分离。

③ 在油井中的脱气过程，接近闪蒸脱气过程。当地层油从井底自喷至地面时，由于流向井口时压力越来越低，使气不断从油中分离出来，直至井口为止。

在油田开发实践中，纯粹、单一的闪蒸分离和微分分离是不存在的。油田开发和生产过程所遇到的脱气常常是介于上述两种脱气方式之间的。

6. 天然气的溶解曲线与分离曲线

当地层油样进行脱气后，将分离出的气体在与脱气时完全相同的条件下，使其全部再溶回到石油中去，所得到的溶解曲线和脱气曲线是不一定相同的，如图 2-25 所示。

图中曲线①为闪蒸脱气时的脱气曲线和溶解曲线，两者理论上是完全重合的一条曲线，原因在于两个过程系统总组成并没有改变，气液相达到平衡。曲线②、③分别为微分分离时所得到的溶解曲线和脱气曲线，二者不重合。原因在于微分分离时（曲线③），系统组成不断变化，分离出的气少，即溶解的气多，故溶解度大。或

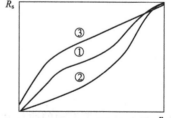

图 2-25 气体在石油中理论溶解曲线

者解释为天然气重烃组分饱和蒸气压比较低，当压力增加时，易于溶解；当压力再下降时，转化为气体很难。天然气的溶解曲线一般采用实验室条件下地层油脱气时所得的脱气曲线。

四、地层原油的体积系数

1. 地层原油的体积系数（单相）

单相原油体积系数 B_o：原油在地下的体积与其在地面脱气后体积之比，用式(2-48)表示

$$B_o = V_o / V_{os} \tag{2-48}$$

式中 B_o——地层原油的体积系数；

V_o——在地层一定压力、温度下石油的体积，m^3；

V_{os}——地层原油在地面脱气后的体积，m^3。

由于地下石油中含有溶解气以及地层温度较地面高，地下石油的体积通常大于地面脱气后石油的体积。B_o反映了地层油到地面后的体积变化幅度。地层原油的体积系数大小主要与石油中的溶气量、油层的压力以及温度等因素有关。一般情况下，由于溶解气和热膨胀的影响远超过压力引起的弹性压缩的影响，地层油的体积总是大于它在地面脱气后的体积，故石油的体积系数一般都大于1。地层原油中溶解的气量越多，其体积系数越大。

2. 影响原油体积系数的因素

① 地层压力

图 2-26 为地层原油体积系数与压力的关系。当压力小于饱和压力（p_b）时，随着压力的增加，溶解于石油中的气量也随之增加，故地层原油的体积系数随压力的增加而增大。当压力等于饱和压力时，溶解于石油中的天然气量达到最大值，这时地层原油的体积系数最大。当压力大于饱和压力时，压力的增加使石油受到压缩，因而石油的体积系数将随之减小。

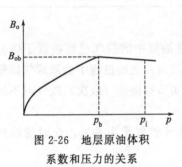

图 2-26 地层原油体积系数和压力的关系

② 地层温度

地层原油体积系数与油层温度的关系是，随温度的增加，地层原油体积系数略有增大，因为随温度升高，地下石油体积有所增大。

③ 溶解气含量

溶解气含量越高，地层原油体积系数越高。

3. 原油收缩率

原油收缩率：$1m^3$ 地层原油采到地面后，经过脱气而产生体积收缩的百分数，表示地层原油脱气后体积变化的大小，即

$$E_o = \frac{V_o - V_{os}}{V_o} \times 100\% \tag{2-49}$$

或

$$E_o = \frac{B_o - 1}{B_o} \times 100\% \tag{2-50}$$

式中 E_o——地下石油的收缩率。

4. 地层油气两相体积系数 B_t

B_t：当 $p < p_b$ 时，在给定的压力条件下地层原油体积和分离出的天然气体积之和（两相体积）与在地面脱气后的原油体积之比。

当地层压力降低到低于饱和压力时，地下石油体积的变化可由图 2-27 来说明。当压力为原始地层压力 p_i 时，原油体积系数为 B_{oi}；当地层压力降低到 p_b（饱和压力）时，原油体积稍有增大，其体积系数也相应增大为 B_{os}，但此时尚未有自由气形成。当压力降到饱和压力以下 p_t 时，由于析出大量气体，出现了明显的两相状态。

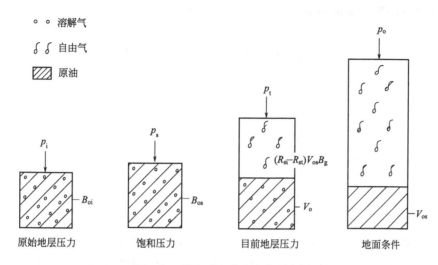

图 2-27 油气两相体积变化示意图

设 R_{si} 为原始地层压力下天然气在石油中的溶解度，R_s 为目前地层压力（p_t）下天然气在石油中的溶解度，当 $p_t < p_b$ 时，从石油中分离出的气体在地面条件下的体积为 $(R_{si}-R_s)V_{os}$。若分离出的气体的体积系数为 B_g，则在压力 p_t 下从油中分离出的气体在地下的体积为 $(R_{si}-R_{st})V_{os}B_g$

$$B_t = \frac{V_{of}+(R_{si}-R_s)V_{os}B_g}{V_{os}} = \frac{V_{of}}{V_{os}} + (R_{si}-R_s)B_g = B_o + (R_{si}-R_s)B_g \quad (2-51)$$

式中 B_t——地层油气两相体积系数，m^3/m^3；

V_{of}——地层中油、气体积，m^3；

V_{os}——地面脱气原油的体积，m^3。

从式(2-51)可以看出，当压力 p_t 等于饱和压力 p_b 时，$R_s = R_{si}$，即 $R_{si}-R_s=0$，$B_t = B_o$，此时石油两相体积系数就与单相体积系数相等；当压力降到 0.1MPa 时，$R_s=0$，$B_g=1$，$B_o=1$，故 $B_t = 1 + R_{si}$ 为最大值。

图 2-26 的 B_o-p 曲线补画出 B_t-p 曲线，如图 2-28 所示，其中实线代表的是单相地层原油的体积系数随压力的变化曲线；点划线则表示两相石油体积系数随压力的变化情况，B_t-p 曲线只在 $p < p_b$ 时才存在。

B_t 的大小决定于地层油气性质及地层压力和温度条件。当已知有关参数后，可按公式(2-51)直接计算地层原油的两相体积系数。为了方便对比，通常统一采用在某一温度下进行一次脱气，求得地层原油的体积系数。

地层原油的体积系数可用地层油样在高压 PVT 实验仪中直接测定。当缺乏实验条件时，也可以用有关图表、公式进行计算。对于饱和石油，可以使用精确度较高的斯坦丁诺模图来查出地层原油的体积系数。

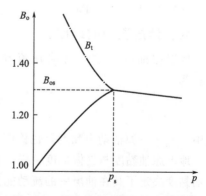

图 2-28 石油体积系数与压力的关系

五、地层原油的压缩系数

1. 定义

C_o：$T=\text{const}$ 时，当压力改变单位压力时，地层原油的体积变化率，即

$$C_o = -\frac{1}{V_o}\left(\frac{\partial V_o}{\partial p}\right)_T \tag{2-52}$$

式中　C_o——地层原油的压缩系数，MPa^{-1}；

　　　V_o——原始地层压力时石油的体积，m^3；

　　　$\dfrac{\partial V_o}{\partial p}$——地层原油体积随压力的变化率，$\text{m}^3/\text{MPa}$。

在高于或等于饱和压力下，由于地层原油中溶解有大量的天然气，使得地层原油比地面脱气石油具有更大的弹性，压缩系数 C_o 反映了地层原油的弹性大小。地层原油和水以及储集岩的压缩系数整个构成了油藏的弹性能量。当地层压力高于饱和压力时，就是靠这部分能量采出地层中的石油，因此研究地层原油的压缩系数对于合理开发油田有着十分重要的意义。

2. 压缩系数的求取

实验测定 C_o 可以根据定义式求取

$$C_o = -\frac{1}{V_f}\left(\frac{\partial V_o}{\partial P}\right)_T \approx -\frac{1}{V_f}\frac{\Delta V_o}{\Delta P} = -\frac{1}{V_f}\times\frac{V_b-V_o}{p_b-P} \tag{2-53}$$

或由原油体积系数根据下式求取

$$C_o = -\frac{1}{B_o}\times\frac{B_{ob}-B_o}{p_b-P} \tag{2-54}$$

地层原油的压缩系数在油田上一般由实验室直接测定。若不具备测定条件时，也可利用有关图表作近似估算。

3. 影响因素

地层原油的压缩系数与石油和天然气的组成、溶解气量以及压力和温度条件有关。如果地层原油的温度越高，石油的轻组分越多，溶解的气量越多，则石油的压缩系数也就越大。一般地面脱气石油的压缩系数约 $4\times10^{-4}\sim7\times10^{-4}\,1/\text{MPa}$，地层原油的压缩系数约 $10\times10^{-4}\sim140\times10^{-4}\,1/\text{MPa}$。

六、地层原油的黏度

地层原油的黏度：石油在流动过程中内部的摩擦阻力，其数学表达式与气体一样，为

$$\frac{F}{A} = \mu_o\frac{\mathrm{d}v}{\mathrm{d}y} \tag{2-55}$$

式中　μ_o——原油动力黏度，也称原油绝对黏度，单位为 $\text{Pa}\cdot\text{s}$。

地下原油黏度与气体黏度一样，直接影响到油气的运移和聚积条件，而在油田开发中，原油黏度决定了其在油层中的流动能力，因此，降低黏度对提高油井产能和石油采收率以及石油的输运都是很有意义的。

地层原油的黏度取决于它的化学组成、溶解气的含量以及压力和温度条件。它的变化范围很大，可以从零点几厘泊❶到成百上千厘泊。其影响因素具体如下。

① 原油组成——重烃、非烃含量、分子量

非烃含量：各种烃类的氧、硫、氮化合物（沥青、胶质）含量。胶质与沥青含量多，稠环和多侧链的氧、硫、氮化合物多，增大了液层分子的内摩擦力，使原油的黏度增大，甚至具有非牛顿流体的黏滞特性。

原油分子量增大，黏度也随之增大。

② 溶解气量及其性质

溶解气量：溶解气油比（R_{si}）越高，地层油黏度越低。由于气体溶解在石油中，使液体分子间引力部分变为气液分子间的引力，使体系分子引力大大减小，从而导致地层原油内部摩擦阻力减小，地层原油黏度也就随之下降。原油中溶解的气量越多，黏度也就越低。

③ 地层温度

地层温度：由于温度增加，液体分子运动速度增加，液体分子引力减小，因而黏度降低。热力采油法提高石油采收率的主要机理就是升高温度大幅度降低原油黏度。

④ 地层压力

在温度一定时，当压力低于饱和压力时，随着压力的增大，油中溶解气量增加，液体内分子引力减小，地层油黏度急剧下降；当压力高于饱和压力时，压力增加使石油密度增大，液体分子引力增大，液层内部摩擦阻力增大，因而黏度增大。地层原油黏度随压力的变化如图 2-29 所示。

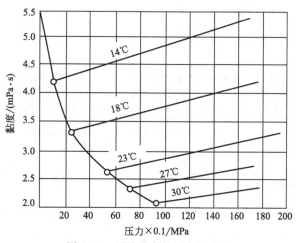

图 2-29　原油黏度与压力的关系

地层原油黏度一般在实验室中由高压黏度计直接测定。如不具备实验条件，也可以用有关图表进行计算。当地层压力等于饱和压力时，可以使用相关图表。由于石油组成变化大，用此图表查出的黏度偏差有时达 25%。

【考核评价】

考核标准见表 2-10。

---

❶　1 厘泊 $=10^{-3}$ Pa·s

表 2-10　地层油高压物性测定评分标准

序号	考核内容	评 分 要 素	配分	评 分 标 准	备注
1	泡点压力测定	从地层压力起退泵降压(以恒定的速度退泵),并注意观察压力表指针变化,当压力表指针降低速度减慢或不下降甚至回升时,停止退泵。压力表指针稳定后的压力数值即为粗测饱和压力值	10	未准确记录降压后对应体积扣5分;升、降压过程中未搅拌扣5分	
		升压至地层压力,让析出的气体完全溶解到油中。从地层压力开始降压,每降低一定压力(如2.0MP)记录压力稳定后的体积(注意升压、降压过程中应不断搅拌PVT筒)			
		当压力降至泡点压力以下时,每降低一定体积(如5mL),记录稳定以后的压力(泡点压力前后至少安排四个测点)	10	压力未降至泡点压力扣5分;泡点压力前后未按要求记录测点扣5分	
		最后一点测完后,升压到地层压力,进行搅拌,使分出的气体重新溶解到原油中,为原油脱气做好准备	10	未升压至地层压力扣5分;未搅拌至气体达到溶解状态扣5分	
2	一次脱气	将PVT筒中的地层原油加压至地层压力,搅拌原油样品使温度、压力均衡,记录泵的读数	10	加压未至地层压力扣4分;未搅拌样品至平衡状态扣4分;泵读数不准确扣2分	
		准备干燥洁净已称重的分离瓶3~5个,检查量气瓶密封情况,并充满饱和盐水	10	分离瓶不干燥扣4分;气瓶未密封扣4分;为充满饱和盐水扣2分	
		将分离瓶安装在橡皮塞上,慢慢打开阀门,维持在地层压力下排油脱气。当量气瓶液面下降到一半刻度左右,关闭阀门,停止排油,记录计量泵读数	10	压力未维持在地层压力下扣5分;关闭阀门不正确扣3分;计量泵读数不准确扣2分	
		提升盐水瓶,使盐水瓶液面高于量气瓶液面,然后再降到和量气瓶液面在同一水平面后读出气体体积,同时记录室温、大气压	10	盐水瓶未和量气瓶液面在同一水平面扣5分;未正确记录气体体积,室温、大气压分别扣3分、1分、1分	
		取下分离瓶,用天平称重并记录;按上述步骤重复进行两次实验	10	不能正确使用天平称重扣5分;未进行两次实验扣5分	
3	地层油黏度测量	将地层油样转到落球黏度计的标准管中,用超级恒温水浴将温度保持在地层温度	5	未能正确转样扣5分	
		转动落球黏度计上部朝下,使钢球吸到上部磁铁上	5	未转动落球黏度计扣5分	
		转动落球黏度计上部朝上,固定一个倾角。打开开关,钢球开始下落,同时计时开始,当钢球落到底部后自动停止计时,记录钢球下落时间 t。重复试验3次以上,直到所测的时间基本相同为止,改变倾角,重复试验	10	未固定倾角扣5分;计时不准确扣5分	
4	考核时限	30min,到时停止操作考核			
		合计 100 分			

任务三　地层水高压物性评价

教学任务书见表 2-11。

表 2-11　教学任务书

情境名称	储层流体性质测定		
任务名称	地层水高压物性评价		
任务描述	地层水水型判断；地层水高压物性关系图识读		
任务载体	地层水；PVT 高压物性仪		
学习目标	能力目标	知识目标	素质目标
	1. 能够正确地完成地层水高压物性的测定操作 2. 能够正确地完成测定数据的处理	1. 掌握地层水高压物性的测定方法与原理 2. 掌握地层水水型判断方法 3. 掌握测定数据的处理方法	1. 培养学生团队意识 2. 培养学生观察、思考、自主学习的能力 3. 培养学生爱岗敬业、严格遵守操作规程的职业道德素质

【任务实施】

一、地层水水型判断

地层水水型判断步骤如下。

① 计算离子物质的量浓度 M。

② 确定阴阳离子的结合顺序。

③ 分别计算阴阳离子物质的量浓度 M 与离子价数 n 的比值 N，并计算阴阳离子的 N 的比值（N^+/N^-）。

④ 计算成因系数。

⑤ 苏林对水型的划分。

⑥ 按地层水中主要离子的物质的量的浓度比，把水划分为：$CaCl_2$、$MgCl_2$、$NaHCO_3$ 和 Na_2SO_4 四种类型。主要为 $NaHCO_3$ 和 $CaCl_2$ 两种类型。

⑦ 确定水型及生成环境（表 2-12）。

表 2-12　地层水水型及生成环境关系表

N^+/N^-	成因系数	水　型	环　境
$\dfrac{Na^+}{Cl^-}>1$	$\dfrac{Na^+-Cl^-}{SO_4^{2-}}<1$	硫酸钠型	大陆冲刷环境（地面水）
	$\dfrac{Na^+-Cl^-}{SO_4^{2-}}>1$	碳酸氢钠型	大陆环境（油、气田水）
$\dfrac{Na^+}{Cl^-}<1$	$\dfrac{Cl^--Na^+}{Mg^{2+}}<1$	氯化镁型	海洋环境（海水）
	$\dfrac{Cl^--Na^+}{Mg^{2+}}>1$	氯化钙型	深层封闭环境（油、气田水）

二、地层水高压物性关系图识读

1. 地层水中天然气溶解度与压力、温度及矿化度的关系

天然气在纯水中的溶解度随着压力和温度的变化如图 2-30 所示。天然气的溶解度随着压力增加而增加，但温度对溶解度影响不太明显。下图是当地层水含盐时，对天然气溶解度的校正关系图。由图可见，随着地层水矿化度的增加，溶解气量在下降。总的结论是：与原油相比，天然气在水中的溶解度一般都很低。

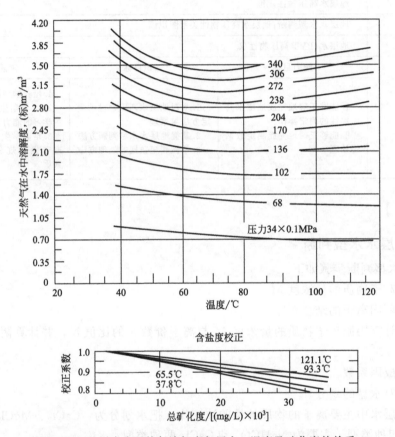

图 2-30 地层水中天然气溶解度与压力、温度及矿化度的关系

通常认为，在较低温度时（如低于 70~80℃），天然气在水中的溶解度随着温度的上升而下降；在温度较高时，天然气在水中的溶解度可随温度的上升而上升。因此，在某些情况下，当地层中温度和压力很高时，地层水中可溶解数量可观的甲烷，如果水的体积又很大，则溶解于水中的天然气的储量就相当可观，由此可形成水溶性气藏而具有工业开采的价值。地层水除溶有天然气外，还可能溶有其他非烃类气体，如碳酸气、氧气及硫化氢等。

2. 地层水体积系数与温度和压力关系

地层水的体积系数随温度的增加而增加，随压力的增加而减小，溶解有天然气的水比纯水体积系数要大。但由于溶解天然气不多，因此地层水的体积系数一般在 1.01~1.02 之间。地层水体积系数与温度、压力的关系曲线见图 2-31。

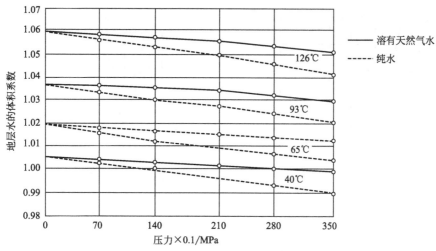

图 2-31 地层水体积系数与温度和压力的关系

3. 地层水压缩系数与压力、温度和溶解天然气量的关系

地层水压缩系数同样受压力、温度和水中溶解的天然气量多少的影响。当压力升高、天然气溶解度低、低矿化度含量高时，地层水压缩系数降低；当 $T<50℃$，温度升高，地层水压缩系数降低，反之升高。

实际计算时，往往先确定无溶解气时地层水的压缩系数 C_w，如图 2-32(a) 所示。然后再根据图 2-32(b) 进行溶解气的校正。

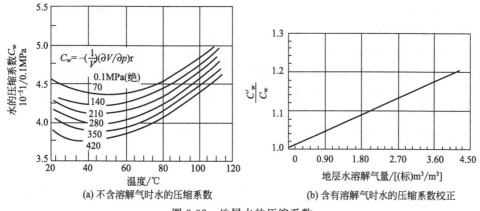

(a) 不含溶解气时水的压缩系数　　(b) 含有溶解气时水的压缩系数校正

图 2-32 地层水的压缩系数

除图表外，也可以用公式作溶解气校正

$$C'_w = C_w(1+0.05R_{wg}) \tag{2-56}$$

式中　R_{wg}——水中溶解气量，(标) m^3/m^3。

4. 地层水黏度与温度及矿化度的关系

如图 2-33 所示，水的黏度随温度升高而急剧地降低，与压力几乎没有关系。例如 50MPa 时，水的黏度和温度关系曲线与 0.1MPa 时水的黏度和温度的关系曲线几乎一致。如图 2-34 所示，矿化度对水的黏度稍有影响，一般矿化度增高，黏度增大。由于溶解气量少，溶解气对水的黏度影响并不大。

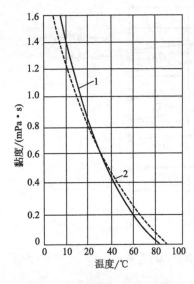
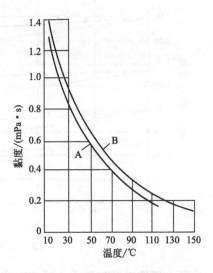

图 2-33 水的黏度与温度的关系
1—0.1MPa；2—50MPa

图 2-34 水的黏度与矿化度的关系
A—纯水；B—含盐量为 60000mg/L 的水

三、高压物性参数的应用——储量计算

在油田实际开发过程中，油藏流体高压物性参数可应用在油藏数值模拟及有关油藏工程的各种计算中。矿场实际应用中，其重要用途之一是按物质平衡方法计算储量、分析油藏动态。以带气顶并有水侵入的物质平衡方程为例。通过推导和分析该油藏的物质平衡，加深理解高压物性参数概念及其应用。

以油气藏物质平衡方程建立为例，设有一定容积的油藏，开发一段时间后，采出一部分气和油。其中，油藏带气顶油藏，开发过程中有水浸（边水、底水或注入水）。

根据任何油气藏的开采过程都遵循物质平衡原则，找出油藏开发前后的变化：油量变化、气量变化、水量变化、压力变化。

以气相为例，油气藏开发过程中满足遵循物质平衡原则，根据图 2-35、图 2-36 得到

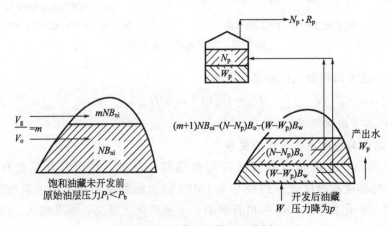

图 2-35 油藏开发前后变化图

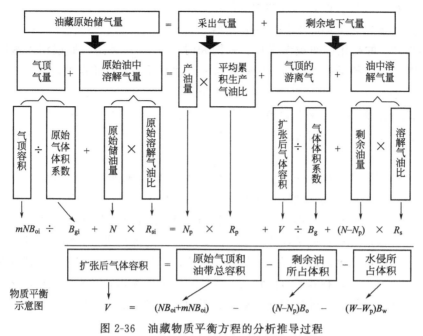

图 2-36 油藏物质平衡方程的分析推导过程

$$\frac{mNB_{oi}}{B_{gi}}+NR_{si}=N_pR_p+\frac{(m+1)NB_{oi}-(N-N_p)B_o-(W-W_p)B_w}{B_g}+(N-N_p)R_s \tag{2-57}$$

整理化简，用 $B_t=B_o+(R_{si}-R_s)B_g$ 和 $B_{ti}=B_{oi}$ 整理上述关系式，得油藏物质平衡方程一般形式

$$N=\frac{N_p[B_t+(R_p-R_{si})B_g]-(W-W_p)B_w}{(B_t-B_{ti})+mB_{ti}(B_g-B_{gi})/B_{gi}} \tag{2-58}$$

式中 N——原始储油量（指在地面可以得到的体积量），m^3；

R_{si}——原始溶解气油比，（标）m^3/m^3；

N_p——累积产油量，m^3；

R_p——累积平均生产气油比，（标）m^3/m^3；

R_s——在油藏压力降至 p 时的溶解气油比，（标）m^3/m^3；

W——在油藏压力降至 p 时侵入油藏的总水量，m^3；

W_p——累计总产量，m^3；

m——原始气顶容积与油带容积之比，$m=\dfrac{V_g}{V_o}$；

B_{oi}——在原始油藏压力下地层油体积系数；

B_o——在压力为 p 时，气体的体积系数；

B_{gi}——在原始油藏压力下，气体的体积系数；

B_g——在压力为 p 时，气体的体积系数；

B_{ti}——在原始油藏压力下，油气两相体积系数；

B_t——在压力为 p 时,油气两相系数;

B_w——在压力为 p 时,底层水体积系数。

方程(2-58)的简化:油藏无气顶、未饱和时,$m=0$;无边、底或注入水时,$W=0$,$W_p=0$。该方程中包括了三类数据,这些数据可通过不同的方法获得到。

第一类:油、气高压物性参数,如 R_{si}、R_s、B_{gi}、B_g、B_{oi}、B_o、B_{ti}、B_t、B_w 等,由实验测定或查图获得。需要准确的地层压力 p 数值;要求在高压物性测定中,油气的相平衡应与油藏中发生的相平衡过程相一致。所以,对所测定的实验参数还需要进行匀整处理后才能采用。

第二类:生产统计资料,如 N_p、W_p、R_p。为正确了解油层生产情况,为物质平衡方程提供可靠数据,必须要认真做好对所有产出物的统计工作。

第三类是地质动态参数,如 m、W。一般 m 是靠地质和测井资料求出。水侵量 W,也可用地质取心、渗流解析法或统计分析等方法确定。上述分析表明,物质平衡方程只能用于已开发相当长时期的油藏,即已累积了足够生产统计资料、压力也有明显降低的油藏。

由于物质平衡方法具有其明显的特点,仅以物质平衡和相态平衡为依据,该法简单,不涉及复杂多相渗流计算,在油气藏开发动态分析中获得了广泛的应用。

【必备知识】

地层水是指油气层边部、底部、层间和层内的各种边水、底水、层间水及束缚水等。按产状分为底水、边水和层间水;按状态则分为束缚水和自由水。边水和底水通常作为驱油的动力,而束缚水和自由水在油层微观孔隙中的分布特征直接影响着油层含油饱和度。利用油层水的物理性质,可以分析油井出水以及油层污染的原因,分析天然水驱油的洗油能力,判断边水的流向,判断断块油藏是否连通,选择油田注入水的水源,以及改善水驱油效果中添加剂的选取等。因此,研究地层水的物理性质,无论在油气田的勘探或在油气田的开发分析以及提高石油采收率的措施中,均有着十分重要的意义。

一、地层水的矿化度和硬度

地层水因与岩石和油接触,含有溶解的固相物质,主要是氯化钠,称为盐水或卤水。

地层水中常见的阳离子:Na^+、K^+、Ca^{2+}、Mg^{2+} 等。

阴离子有:Cl^-、SO_4^{2-}、HCO_3^- 等。

1. 矿化度

地层水矿化度:地层水中含盐量多少,矿化度的单位:mg/L。地层水的总矿化度表示水中正、负离子之总和。由总矿化度的大小可以概括地了解地层水的性质。不同油田的地层水矿化度差别很大,有的只有几千毫克/升,而有的甚至高达(2~3)万或几十万毫克/升。

在地层中,水处于饱和溶液状态,当由地层流至地面时,会因为温度、压力降低,盐从地层水中析出,严重时还会在井筒中析出,给生产直接带来困难。此外,当向油层注入各种化学工作剂时(如注入聚合物或活性剂等),除地层水总矿化度对其驱油效果发生影响外,水的硬度也是值得注意的重要物性参数。

2. 硬度

地层水硬度:用地层水中 Ca^{2+}、Mg^{2+} 等二价阳离子含量的多少来表示。

水硬度高,会使化学剂产生沉淀而影响驱替效果,甚至使措施完全失效,以至于需要提前用清水全面预冲洗地层，降低矿化度、硬度以后，再进行正式注入化学剂。

二、地层水的分类和水型判断

1. 苏林分类

对油田水而言，常采用的是苏林分类法。苏林认为，地下水的化学成分决定于一定的自然环境条件，所以地下水按化学成分分成四个自然环境的水型。

(1) Na_2SO_4 型

代表大陆冲刷环境条件下形成的水型，一般来说，此水型是环境封闭性差的反映，该环境不利于油气聚集和保存，为地面水。

(2) $NaHCO_3$ 型

代表大陆环境条件下形成的水型，$NaHCO_3$ 型水在油田中分布很广，它的出现可作为含油良好的标志。

(3) $MgCl_2$ 型

代表海洋环境下形成的水型，$MgCl_2$ 水型一般多存在于油、气田内部。

(4) $CaCl_2$ 型

代表深层封闭构造环境下形成的水，$CaCl_2$ 水型是地壳剖面上人们了解的唯一最深部水型，它所代表的环境封闭性好，很有利于油、气聚集和保存，是含油气良好的标志。

2. 水型判断

苏林是根据 Na^+ 和 Cl^- 的当量比来判断水的成因类型，并用不同的水型来表示不同的地质环境，从而划分出以上四种水型。

某水型，即以水中某种化合物的出现趋势而定名，不在于出现的数量多少而在于出现的趋势。如 $NaHCO_3$ 型水，即水中出现的趋势化合物为 $NaHCO_3$，具体的水型判断方法如下。

根据阴、阳离子的结合顺序，按离子亲和能力的大小来组合。当 $Na^+/Cl^->1$ 时，说明水中 Na^+ 当量数大于 Cl^-，多余的 Na^+ 将与 SO_4^{2-} 或 HCO_3^- 化合，形成 Na_2SO_4 水型或 $NaHCO_3$ 水型。当 $Na^+/Cl^-<1$ 时，则多余的 Cl^- 与 Ca^{2+} 或 Mg^{2+} 化合形成 $MgCl_2$ 或 $CaCl_2$ 水型。

根据 Na^+/Cl^- 的比值还不能精确地判断是哪一种水型，因此，进一步采用了成因系数，来将地层水划分为四种水型。

在地层水中，除含盐外，还常溶解有某些有机物质，如环烷酸、脂肪酸、胺酸、腐殖酸和其他比较复杂的有机化合物等。因为这些有机酸直接关系到地层水洗油能力，所以，它们在油田注水的水质选择上经常为人们所注意。在某些地层水中，还可能含有各种稀有元素，如溴、碘等。如果它们在水中的含量超过 20000~30000mg/L 时，便具有工业开采价值。此外，地层水中还经常有不同种类的微生物，其中最常见的就是非常顽固的厌氧硫酸还原菌，它们会导致油井套管的腐蚀以及在流动过程中堵塞地层。

三、地层水的高压物性

1. 天然气在地层水中的溶解度

天然气在地层水中的溶解度：地面 $1m^3$ 水，在地层压力、温度条件下所溶解的天然气体积，单位（标）m^3/m^3。

$$R_w = V_{g标}/V_{ws} \tag{2-59}$$

式中　R_w——地层水中天然气溶解度，(标) m^3/m^3；

$V_{g标}$——地层水中气量，(标) m^3；

V_{ws}——地面水的体积，(标) m^3。

2. 地层水的体积系数

地层水的体积系数是指油层条件下水的体积与标准状况下水的体积之比值，其表达式为

$$B_w = \frac{V_w}{V_{ws}} \tag{2-60}$$

式中　B_w——油层水的体积系数；

V_w——油层条件下水的体积，m^3；

V_{ws}——标准状况下水的体积，m^3。

3. 地层水的压缩系数

地层水的压缩系数：单位体积地层水在单位压力改变时的体积变化率。其表达式为

$$C_w = -\frac{1}{V_w}\left(\frac{\partial V_w}{\partial p}\right)_T \tag{2-61}$$

式中　C_w——地层水的压缩系数，MPa^{-1}；

V_w——某一温度、压力条件下的油层水体积，m^3；

$\left(\frac{\partial V_w}{\partial p}\right)_T$——地层水体积在定温条件下随压力的变化率，$m^3/MPa$。

地层水的压缩系数一般在 $(3.7 \sim 5.0) \times 10^{-4}/MPa$ 之间。不同的压力、温度区间，其值也不同。油层石油和水及储油岩的压缩系数即构成了油气藏的弹性能量。当地层压力高于饱和压力时，就是靠弹性能量采出地层中的石油。因此研究地层石油、水和岩石的压缩性是有重大意义的，特别是当油气田的油田水面积很大时，其弹性储量是相当可观的；这时需要求出油层总的压缩系数，其求法如下

$$C_t = \varphi C_L + C_f \tag{2-62}$$

式中　C_t——油层总的压缩系数，也叫弹性容量系数，MPa^{-1}；

C_L——油层液体（油和水）的压缩系数，MPa^{-1}；

C_f——储油岩的压缩系数，MPa^{-1}；

φ——储油岩的孔隙度。

4. 地层水的密度

地层水的密度是指在地层条件下单位体积水的质量，表示为

$$\rho_w = \frac{m_w}{V_w} \tag{2-63}$$

式中　ρ_w——地层水密度，g/cm^3；

m_w——地层水的质量，g；

V_w——地层水体积，cm^3。

由于地层水中含大量的盐类，而溶解于水中的天然气很少，因此地层水密度比纯水要大。当已知地下压力、温度和地下水的含盐量时，可根据诺模图求地层水的密度。

5. 地层水的黏度

地层水黏度：流体内部摩擦阻力的量度。

在合理开发油田和提高石油采收率方面，石油和水的黏度比是一个重要的指标。油水黏度比大，往往引起油井过早地见水，或油井含水量上升过快。因此，如何降低油水的黏度比已成为合理开发油田和提高采收率的一个重要课题。

【考核评价】

考核标准见表 2-13。

表 2-13 地层水高压物性评价评分标准

序号	考核内容	评分要素	配分	评 分 标 准	备注
1	地层水水型判断	计算离子物质的量浓度 M	10	不能正确计算离子物质的量浓度扣 5 分	
		确定阴阳离子的结合顺序	10	不能判断阴阳离子结合顺序扣 5 分	
		计算阴阳离子的 N 的比值(N^+/N^-)	10	不能正确计算比值扣 5 分	
		计算成因系数	10	不能正确计算成因系数扣 5 分	
		确定水型及生成环境	20	不能根据成因系数确定水型及生成环境扣 10 分	
2	地层水高压物性关系图识读	地层水中天然气溶解度与压力、温度及矿化度的关系	10	不能正确识读溶解度与相关因素的关系扣 5 分	
		地层水的体积系数与温度和压力的关系	10	不能正确识读体积系数与相关因素的关系扣 5 分	
		地层水的压缩系数	10	不能正确识读压缩系数与相关因素的关系扣 5 分	
		地层水黏度与温度及矿化度的关系	10	不能正确识读黏度与相关因素的关系扣 5 分	
3	考核时限	30min,到时停止操作考核			
		合计 100 分			

学习情境三
储层岩石性质评价

【情境描述】

小李需为油田开发方案的指定与调整提供基础资料,储层的性质参数如何获取?对储层评价具有哪些意义?如何评价储层储渗性能呢?

任务一 储层砂岩构成评价

教学任务书见表3-1。

表3-1 教学任务书

情境名称	储层岩石性质测定		
任务名称	储层砂岩构成评价		
任务描述	粒度组成的测定;岩石比表面积的测定		
任务载体	岩样;筛析装置;比表面积测定装置		
学习目标	能力目标	知识目标	素质目标
	1.能够正确地完成储层岩石的构成的测定操作 2.能够正确地完成测定数据的处理	1.掌握储层岩石的构成表示方法 2.掌握储层岩石的构成的测定方法与原理 3.掌握测定数据的处理方法	1.培养学生团队意识 2.培养学生观察、思考、自主学习的能力 3.培养学生爱岗敬业、严格遵守操作规程的职业道德素质

【任务实施】

一、粒度组成测定

1. 任务准备

① 选样。取样是应考虑到岩样的代表性,不要取样品中特殊的一角,将代表某种岩心的样品进行抽提除油。

② 样品处理。根据薄片鉴定的结果,针对各种不同的胶结物,用不同的方法对胶结物进行处理。对于碳酸钙胶结,可配制5%~10%的盐酸,浸泡岩石,待作用结束,倒出残液,然后再加入同样浓度的盐酸,继续处理,反复操作,直至加的新酸不起泡为止。然后用

清水洗净烘干。如有 $CaCO_3$ 白云岩化现象，可以加较浓的盐酸，并可稍加热。对于泥质胶结，用清水浸泡，并可放置在电热板上稍加热，并用软橡皮锤稍加研磨。

③ 冲洗泥质部分。对于均匀样品可用研磨机研磨，当电动机带动转子旋转后，应调节控制手轮，使转子与磨体之间的间隙配合适当，一般以 0.1mm 左右为宜。然后，将打碎的小块岩样与水混合，从加样漏斗缓慢地加入，直到砂粒全部松解开。最后可在镜下检查松颗粒的质量，不适于机器研磨的样品，用手工研磨，即用橡皮锤在瓷钵内研磨，研磨到样品颗粒完全松解开。一般研磨到加水比较清亮即可。

④ 溢流冲泥，烘干岩样。将解散成颗粒的样品烘干，然后将烘干的样品放入 1000ml 的三角瓶中，保持流量在 130ml/min 以下的杯口溢流量进行冲洗，每隔 0.5h 轻微搅拌一次。直到瓶中上半部的水变得透明为止。然后取出冲洗管，静置数分钟后，倒去瓶中大部分水。将冲洗好的样品移入烘箱内，在 107℃恒温 3h，冷却后即可振筛。

2. 测定步骤

① 选配标准筛。标准筛自上而下孔径由大到小排列。

② 称样并放入标准筛，建议称取样品 100g。

③ 振筛 15min。将放入样品的标准筛放在振筛机上并固定好，开机振筛 15min。

④ 取筛称重。关振筛机，取筛，分别称取每个标准筛中样品质量（总误差应在 −1%～1%之间）。

⑤ 将设备归位，把实验数据给老师查看。

3. 数据处理

① 计算各粒级质量百分含量：$x_i = \dfrac{W_i}{A} \times 100\%$ （$i = 1 \sim 6$）

② 计算各粒级平均粒径：$\dfrac{1}{d} = \dfrac{1}{2\left(\dfrac{1}{d_i} + \dfrac{1}{d_{i+1}}\right)}$

③ 绘成粒度组成分布曲线（图 3-1）和粒度组成累积分布曲线（图 3-2）。

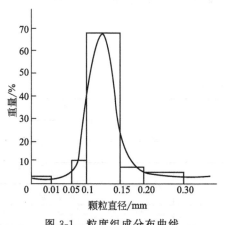

图 3-1 粒度组成分布曲线

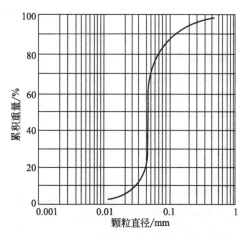

图 3-2 粒度组成累积分布曲线

④ 计算不均匀系数 α。不均匀系数越接近于 1，则表明粒度的组成越均匀，一般储层岩石的不均匀系数在 1～20 之间。不均匀系数小于 2 的土壤可视为均质土。

⑤ 计算分选系数 s。欧美国家往往以累积重量 25%，50%，75% 三个特征点，将累积曲线划分为四段，然后按特拉斯克方程求出分选系数。按特拉斯克规定：$1<s<2.5$，分选好；$2.5<s<4.5$，分选中等；$s>4.5$，分选差。

二、岩石比表面积的测定

岩石比表面积（简称比面）有三种定义方法。
① 单位视体积岩石内，岩石骨架的总表面积：S。
② 以岩石骨架体积 V_s 为基准定义的比面：S_s。
③ 以岩石孔隙体积 V_p 为基准定义的比面：S_p，三者存在以下关系

$$S = S_s(1-\varphi) = S_p \varphi$$

式中　φ——孔隙度，%。

下面测定的是第一种定义中的比表面积 S。

1. 任务准备

比面测定原理图如图 3-3 所示。

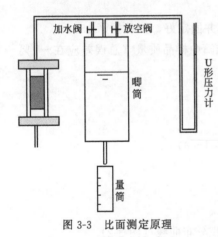

图 3-3　比面测定原理

2. 测定步骤

① 烘干岩样。
② 用游标卡尺测量岩样的长度和直径，算出岩样的截面积。
③ 打开放空开关和注水开关，向水罐内加水，大约加 2/3 即可，关闭放空开关和注水开关。
④ 将岩样放入岩心夹持器，关闭环压放空阀，打开环压阀，加 0.7~1.4MPa 的环压。
⑤ 慢慢打开排水开关，开始流量控制得小一些，待压差计两端的压差稳定在某一高度 H 后，利用秒表和量筒测量水流出的体积流速。记录水柱高度差和水的体积流速。
⑥ 增大水的流速，用同样的方法至少测定三组数据（注意：流量应从小到大变化）。
⑦ 关上排水开关，实验完毕。

3. 数据处理

① 数据记录见表 3-2。

表 3-2　实验数据记录表

岩心直径：			
岩心长度：			
序号	1	2	3
记录时间/s			
水的体积/cm³			
压差计水柱高度/cm			
比面/(cm²/cm³)			

② 数据处理：计算单位时间内流出的水量 Q，将 Q 和相应的 H 代入公式，测定所依据的公式如下

$$S = 14\sqrt{\varphi^3} \times \sqrt{\frac{A}{L}} \times \sqrt{\frac{H}{Q}} \times \sqrt{\frac{1}{10\mu}} \tag{3-1}$$

式中　　φ——岩样的孔隙度；

　　　　A——岩样截面积，cm^2；

　　　　L——岩样长度，cm；

　　　　μ——室温下空气的黏度，Pa·s；

　　　　H——空气通过岩心稳定后的压差，cmH_2O ❶；

　　　　Q——通过岩心的空气流量，cm^3/s。

三次实验结果求算术平均值，得到岩心的比面。

【必备知识】

岩石的种类很多，根据成因可将岩石分为三大类：岩浆岩、变质岩、沉积岩。世界上大多数油气田是在沉积岩中发现的。沉积岩是在地壳表层条件下，是风化作用、生物作用和火山作用的产物，经过搬运作用、沉积作用及沉积后作用而形成的一类岩石。储层岩石以沉积岩中的碎屑岩和碳酸盐岩储集层为主，二者是主要含油气区的重要储集层。

岩石 { 岩浆岩；变质岩；沉积岩 { 碎屑岩：砂岩等；储油物性好；国内大部分油气田；碳酸盐岩：石灰岩、白云岩；储油物性好（孔隙、裂缝）；华北古潜山油田、四川气田、波斯湾盆地（国外）

储层岩石的物性直接关系储层评价、油气田储量预测和油气井产量，对认识储层、评价储层、保护和改造储层，对油田地质勘探、油田开发方案的制定以及提高油气采收率有重要意义。本章内容主要研究砂岩储层岩石物性。通过一些物性参数来描述储层岩石物性，这些物性参数主要研究方法有：实验测定、间接测定、理论计算等。实验测定可分为：粒度分析、薄片分析、岩心分析等；间接测定可分为：测井、试井等；理论计算可分为：统计学方法、油藏工程方法等。

砂岩由性质不同、形状各异、大小不等的砂粒经胶结而成。由颗粒和胶结物构成的构架称为岩石骨架。颗粒的大小、形状、排列方式、胶结物的成分、数量、性质以及胶结方式必将影响到储层的性质。而岩石的粒度和比面恰是反映岩石骨架构成的最主要指标，也是划分、评价储层的重要物性参数。本节主要讨论岩石的粒度和比面问题。

一、岩石的粒度组成

1. 粒度的概念

粒度是指岩石颗粒直径的大小，用目❷或毫米直径表示。

储油砂岩颗粒大小：一般为 0.01～1mm。

粒度组成能定量表征岩石颗粒的大小和分布特征，指构成砂岩的各种大小不同颗粒的百分含量，常用质量分数表示

---

❶ $1cmH_2O \approx 98Pa$；

❷ 目：每英寸长度上的孔数；x 目 $= \dfrac{1}{x}$ in $= \dfrac{2.54}{x}$ cm

$$G_i = \frac{W_i}{W} \times 100\% \quad (i=1,2,\cdots,n) \tag{3-2}$$

式中 G_i——粒级 i 的颗粒含量；

W_i——粒级 i 的颗粒质量。

2. 粒度组成的测定

测定粒度组成的问题在于如何测定不同粒级颗粒占全岩颗粒的百分数问题。依据颗粒大小和岩石致密程度，可选择不同的测定方法。

（1）筛析法——常规岩样（主要）

筛析法：用成套的筛子对经捣碎的岩石砂粒进行筛析，按不同粒级将它们分开。筛子的筛孔有两种表示方法：一种是以英制每英寸长度上的孔数表示，称为目或号；另一种则是以毫米直径来表示筛孔孔眼的大小，目前两种都在使用。此外，成套筛子的孔眼大小有一定的规定，例如，相邻的两级筛孔孔眼大小可相差 $\sqrt{2}$ 或 $\sqrt[4]{2}$ 的级差。

具体测定过程：将岩石洗油、烘干、称质量、解析、过套筛、分筛称质量、计算。其中，分离是指用振动筛将粉碎的岩样分离成不同粒径（d_i）范围的颗粒；称量是用天平称出各筛中颗粒质量；计算是指按上公式算出各筛中颗粒的百分含量，得到岩石粒度组成。

（2）沉降法——极小颗粒岩样（辅助）

沉降法：岩石颗粒大小不同，其在液体中的沉降速度 v 不同，测出颗粒的沉降速度 v，据 v 可计算颗粒粒径大小。由 Stokes 公式可计算沉降速度

$$v = \frac{gd^2}{18\gamma}\left(\frac{\rho_L}{\rho_s} - 1\right) \tag{3-3}$$

式中 γ——液体运动黏度；

g——重力加速度；

ρ_s——颗粒密度；

ρ_L——液体密度。

适用条件：颗粒直径为 $50\sim100\mu m$；颗粒的重量浓度不应超过 1%。

（3）直接测量法——极大颗粒岩样（辅助）

对大颗粒（如砾石），可在野外直接测定。

（4）光学、电学、薄片及图像分析法（特殊岩样）——数量少、颗粒小、固结岩样

对于较致密的细粒岩石或特殊岩石，可制成岩石薄片用显微镜观测和图像分析仪测定其粒度组成。

筛析、沉降法测出的粒径代表某粒径范围内所有颗粒的平均大小，即平均粒径。平均粒径计算公式为

$$\frac{1}{d_i} = \frac{1}{2}\left(\frac{1}{d_i'} + \frac{1}{d_i''}\right)$$

式中 d_i——粒级 i 的颗粒平均粒径；

d_i'，d_i''——与粒级 i 相邻的前后两层筛子的孔眼直径。

3. 粒度组成的表示方法

（1）数字列表法——准确

数字列表法表示的粒度组成可见表 3-3。

表 3-3 数字列表法表示粒度组成

筛孔直径	d_i	d_1	d_2	...	d_n
颗粒质量	W_i	W_1	W_2	...	W_n
颗粒含量 $W=\sum_{i=1}^{n}W_i$	$\dfrac{W_i}{W}$	$\dfrac{W_1}{W}$	$\dfrac{W_2}{W}$	...	$\dfrac{W_n}{W}$
颗粒累积含量	$\dfrac{\Sigma W_i}{W}$	$\dfrac{W_1}{W}$	$\dfrac{W_1+W_2}{W}$	...	$\dfrac{W_1+\cdots+W_n}{W}$

(2) 作图法——直观明了

作图法：根据坐标取值方法及表示不同的参数，采用不同的图式，如：直方图、累积曲线图、频率曲线图和概率曲线图等。目前上常用的是前两种图，即粒度组成分布曲线（图 3-1）和粒度组成累积分布曲线（图 3-2）。

粒度组成分布曲线（直方图）：$d_i \sim \dfrac{W_i}{W} \times 100\%$

粒度组成累积分布曲线（累积曲线图）：$d_i \sim \dfrac{\Sigma W_i}{W} \times 100\%$

粒度组成分布规律大多为正态或近似正态分布。粒度组成分布曲线表示了各种粒径的颗粒所占的百分数，可用它来确定任一粒级在岩石中的含量。曲线尖峰越高，说明该岩石以某一粒径颗粒为主，即岩石粒度组成越均匀；曲线尖峰越靠右，说明岩石颗粒越粗。

粒度组成累积分布曲线也能较直观地表示出岩石粒度组成的均匀程度。上升段直线越陡，则说明岩石越均匀。

4. 粒度参数

粒度参数是对粒度组成特征的定量评价。参数取值是指累积分布曲线上某两个质量分数所对应的颗粒直径的比值。

① 不均匀系数 α：累积质量 60% 所对应的颗粒直径 d_{60} 与累积质量 10% 所对应的颗粒直径 d_{10} 之比。

$$\alpha = d_{60}/d_{10} \tag{3-4}$$

评价标准：α 越→1，颗粒越均匀，分选越好。

② 分选系数 s：以累积分布曲线上累积质量 75% 所对应的颗粒直径 d_{75} 与累积质量 25% 所对应的颗粒直径 d_{25} 比值的 1/2 次方表示

$$S = \sqrt{d_{75}/d_{25}} \tag{3-5}$$

评价标准：$s=1\sim2.5$，分选好，岩石颗粒均匀；$s=2.5\sim4.5$，分选中；$s>4.5$，分选差。

③ 标准偏差 σ，由福克·沃德公式，得

$$\sigma = \dfrac{\phi_{84} - \phi_{16}}{4} + \dfrac{\phi_{95} - \phi_5}{6.6} \tag{3-6}$$

$$\phi_i = -\log_2 d_i \tag{3-7}$$

评价标准：σ 越小，颗粒的分选越好。以 $\sigma=1$ 为分界线，$\sigma<1$，越小，岩石分选性越好，岩石越均匀；$\sigma>1$，越大，岩石分选性越差，岩石越不均匀。根据标准偏差来划分岩石的分选等级见表 3-4。

表 3-4 按标准偏差划分的分选等级

福克、沃德标准偏差(σ)	分选等级
<0.35	分选极好
0.35~0.50	分选好
0.50~0.71	分选较好
0.71~1.00	分选中等
1.00~2.00	分选差
2.00~4.00	分选很差
>4.00	分选极差

二、岩石的比面

1. 比面的概念

比面：单位体积的岩石内，岩石骨架的总表面积；或单位体积的岩石内，总孔隙的内表面积。当颗粒是点接触时，即为所有颗粒的总表面积。

$$S = A/V_b \tag{3-8}$$

式中 S——岩石比面，cm^2/cm^3；

A——骨架的总表面积或孔隙总内表面积，cm^2；

V_b——岩石外表体积，cm^3。

以岩石骨架体积 V_s 为基准定义的比面 S_s 为

$$S_s = A/V_s \tag{3-9}$$

以岩石孔隙体积 V_p 为基准定义的比面 S_p 为

$$S_p = A/V_p \tag{3-10}$$

三种比面 S、S_s、S_p 之间的关系为

$$S = \varphi S_p = (1-\varphi) S_s \tag{3-11}$$

一般情况下，未加注明，岩石比面是指以岩石外表体积为基准的比面。岩石比面可定量描述岩石骨架颗粒的分散程度。

2. 比面的测定

① 透过法：根据流体对岩石的透过性来求比面，常用空气作测定流体，适用于比面不算太大的粗颗粒砂岩（0.001~0.1mm）。

实验测定原理：Kozeny-Carmen 方程和 Darcy 方程，即

$$k = \frac{\varphi^3}{2\tau^2 S_s^2 (1-\varphi)^2} \times 10^8 = \frac{\varphi \times r^2}{8\tau^2} \times 10^8 \tag{3-12}$$

式中 k——高采尼常数；

φ——孔隙度，%；

τ——毛管迂曲度，一般取 1.4。

$$k = \frac{2p_0 Q_0 \mu L}{A(p_1^2 - p_2^2)} \approx \frac{Q_0 \mu L}{AH} \times 10^5 \tag{3-13}$$

式中 p_0——大气压；

p_1、p_2——分别为岩心进、出口端压力；

A——岩心截面积，cm^2；

L——岩心长度,cm;

Q_0——通过岩心的空气量,相当于从马略特瓶中流出的水量,cm³/s;

μ——室温下空气的黏度,mPa·s;

H——空气通过岩心稳定后的压差,cmH$_2$O。

② 吸附法:通过测定吸附在岩石表面单层分子的吸附量间接测算岩石 S 的方法。

测定流体:常用氮气、氪气、氙气等惰性气体。

测定原理:低温物理吸附原理。

【考核评价】

考核标准见表 3-5。

表 3-5　储层砂岩构成评价评分标准

序号	考核内容	评分要素	配分	评分标准	备注
1	粒度组成测定	岩样准备	5	不能正确描述岩样准备方法扣 5 分	
		选配标准筛。标准筛自上而下孔径由大到小排列	5	筛孔径排列不正确扣 5 分	
		称样并放入标准筛,建议称取样品 100g	5	不能正确称样质量扣 5 分	
		振筛 15min。将放入样品的标准筛放在振筛机上,并固定好,开机振筛 15min	5	振筛时间不准确扣 5 分	
		取筛称重。关振筛机,取筛,分别称取每个标准筛中样品质量。将设备归位,把实验数据给老师查看	5	操作步骤不正确扣 5 分;质量称取不正确扣 5 分	
2	数据处理	计算各粒级质量百分含量,计算各粒级平均粒径,绘成粒度组成分布曲线和粒度组成累积分布曲线,计算不均匀系数,计算分选系数	25	计算值不正确各扣 5 分,曲线绘制不正确扣 5 分	
3	比面测定	烘干岩样;用游标卡尺测量岩样的长度和直径,算出岩样的截面积	5	岩样未烘干扣 2 分;岩样长度和直径测量不正确扣 2 分;截面积计算不正确扣 1 分	
		打开放空开关和注水开关,向水罐内加水,大约加 2/3 即可,关闭放空开关和注水开关	5	阀门开关不正确各扣 1 分;水量控制不正确扣 3 分	
		将岩样放入岩心夹持器,关闭环压放空阀,打开环压阀,加 0.7～1.4MPa 的环压	5	阀门开关不正确各扣 1 分;环压控制不正确扣 3 分	
		慢慢打开排水开关,开始流量控制得小一些,待压差计两端的压差稳定在某一高度 H 后,利用秒表和量筒测量水流出的体积流速。记录水柱高度差和水的体积流速	10	流量控制不正确扣 2 分;压差控制不稳定扣 2 分;流速确定不准确扣 6 分	
		增大水的流速,用同样的方法至少测定三组数据。关上排水开关,实验完毕	15	未测定三组数据扣 15 分	
4	数据处理	$S=14\sqrt{\varphi^3}\sqrt{\dfrac{A}{L}}\sqrt{\dfrac{H}{Q}}\sqrt{\dfrac{1}{10\mu}}$	10	比面计算不正确扣 10 分	
5	考核时限	各 30min,到时停止操作考核			
		合计 100 分			

任务二　储层岩石孔隙性评价

教学任务书见表 3-6。

表 3-6　教学任务书

情境名称	储层岩石性质测定		
任务名称	储层岩石孔隙性评价		
任务描述	样品准备、仪器准备；颗粒体积测定、孔隙体积的测定；数据处理		
任务载体	模拟岩样；气体孔隙度仪		
学习目标	能力目标	知识目标	素质目标
	1. 能够正确地完成储层岩样的孔隙度的测定操作 2. 能够正确地完成测定数据的处理	1. 掌握岩石样本的准备方法 2. 掌握岩石样本孔隙度的测定方法与原理 3. 掌握孔隙度测定数据的处理方法	1. 培养学生团队意识 2. 培养学生观察、思考、自主学习的能力 3. 培养学生爱岗敬业、严格遵守操作规程的职业道德素质

【任务实施】

1. 任务准备

气体孔隙度仪测定原理图如图 3-4 所示。

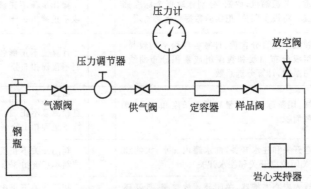

图 3-4　气体孔隙度仪流程图

2. 测定步骤

(1) 颗粒体积测定

① 测量各个钢圆盘和岩样的几何体积，用游标卡尺量其直径与长度。为了便于区分，将钢圆盘从小到大编号为 1、2、3、4。

② 将测量后的钢圆盘全部装入样品杯中，并把该杯密封于夹持器中。

③ 开气源阀、供气阀，用压力调节器将压力调至原始压力 p_k，待压力稳定后，关闭供气阀，并记下 p_k 然后关闭放空阀。开样品阀，气体膨胀到样品杯（未知室），压力计读数从 p_k 下降，待压力稳定后，记下此平衡压力 p_1。

④ 关样品阀，开放空阀，取出 1 号钢圆盘，然后将样品杯在夹持器中密封，关放空阀重复步骤③，记下平衡压力 p_2 及取出的 1 号钢圆盘体积 V_1，随后关掉样品阀，开放空阀，

取出3号钢圆盘（同时装入1号钢圆盘），将样品杯装入夹持器中密封，关放空阀，重复步骤③，记下平衡压力 p_3 及钢圆盘 V_2。

⑤ 随后关掉样品阀，开放空阀，从样品杯中取出全部钢圆盘，装入岩样，如岩样未装满岩样标，用钢圆盘充填。尽量将样品杯填满（原则是使其空间体积缩小）。然后将样品杯装入夹持器中密封，重复步骤③记录下平衡压力 p 及取出的钢圆盘体积 $V_{钢}$。

一块样品测定完毕后，如要连续测多块样品，随后的岩样重复步骤⑤就可以了。

⑥ 注意事项。

ⅰ．系统压力全稳定后，才能读数，一般样品1min就可稳定，致密样品、含泥质多的样品需20～30min。一块样品重复测定时，中间要间隔1～2min后再测定。

ⅱ．孔隙计停用时，关气瓶总阀、气源阀和样品阀，使系统保持一定压力，如果压力有损失，说明漏失。

ⅲ．孔隙计停用一段时间后，再启用时要试漏，压力计调零。

(2) 孔隙体积的测定

① 用管线将孔隙计出口与渗透率仪的TY-B岩心夹持器连接，按气体渗透率仪的操作规程将一实心钢圆柱密封于夹持器中。

② 测孔隙计出口到实心圆柱体端面第一段管线的空体积 V_1（其方法见颗粒体积测定的有关步骤）。

③ 按气体渗透率仪操作规程从夹持器中取出实心钢圆柱体，换上待测样品，重复步骤②，测出样品加管线的空隙体积 V_2。

④ 按公式计算出 V_1 和 V_2，然后按下式计算孔隙体积

$$V_p = V_2 - V_1$$

⑤ 将上述数据填入原始记录表格（表3-7）。

3. 数据处理

① 据表3-7中的参数按式(3-14)～式(3-20)式计算出 V_k 与 G

$$V_1 = V_k\left(\frac{p_k - p_1}{p_1}\right) + \frac{p_1 + p_o}{p_1} G(p_k - p_1) \tag{3-14}$$

$$V_2 = V_k\left(\frac{p_k - p_2}{p_2}\right) + \frac{p_2 + p_o}{p_2} G(p_k - p_2) \tag{3-15}$$

$$V_3 = V_k\left(\frac{p_k - p_3}{p_3}\right) + \frac{p_3 + p_o}{p_3} G(p_k - p_3) \tag{3-16}$$

式(3-16)−式(3-14)，得

$$V_3 - V_1 = V_k\left(\frac{p_k}{p_3} - \frac{p_k}{p_1}\right) + \left[\left(\frac{p_k}{p_3} - 1\right)(p_3 + p_o) - \left(\frac{p_k}{p_1} - 1\right)(p_1 + p_o)\right]G \tag{3-17}$$

式(3-15)−式(3-14)，得

$$V_2 - V_1 = V_k\left(\frac{p_k}{p_2} - \frac{p_k}{p_1}\right) + \left[\left(\frac{p_k}{p_2} - 1\right)(p_2 + p_o) - \left(\frac{p_k}{p_1} - 1\right)(p_1 + p_o)\right]G \tag{3-18}$$

令

$$A = \frac{p_k}{p_3} - \frac{p_k}{p_1}$$

$$B=\left(\frac{p_k}{p_2}-1\right)(p_3+p_o)-\left(\frac{p_k}{p_1}-1\right)(p_1+p_o)$$

$$C=\frac{p_k}{p_2}-\frac{p_k}{p_1}$$

$$D=\left(\frac{p_k}{p_2}-1\right)(p_2+p_o)-\left(\frac{p_k}{p_1}-1\right)(p_1+p_o)$$

所以 $V_3-V_1=AV_k+BG$

$V_2-V_1=CV_k+DG$

经整理得

$$G=\frac{A(V_2-V_1)-C(V_3-V_1)}{AD-BC} \tag{3-19}$$

$$V_k=\frac{D(V_3-V_1)-B(V_2-V_1)}{AD-BC} \tag{3-20}$$

式中 V_2-V_1——第一次取出的第一号钢圆盘体积;

V_3-V_1——第二次取出的第三号钢圆盘体积;

p_o——大气压力。

② 按式(3-21)~式(3-23) 式计算岩样的颗粒体积 V_g

$$V_1=V_k\left(\frac{p_k-p_1}{p_1}\right)+\frac{p_1+p_o}{p_1}G(p_k-p_1) \tag{3-21}$$

$$V_2=V_k\left(\frac{p_k-p}{p}\right)+\frac{p+p_o}{p}G(p_k-p) \tag{3-22}$$

$$V_g=V_1+V_{钢}-V_2 \tag{3-23}$$

③ 按 $V_f=\pi/4 D^2 H$ 计算岩样外表面体积。

④ 根据式 $\phi=\left(1-\dfrac{V_s}{V_b}\right)\times 100\%$ 计算岩样的孔隙度 ϕ。

将处理后的数据填入表 3-7 中。

表 3-7 孔隙度测定原始记录表格

顺序	项目	符号
(1)	岩样编号	No
(2)	大气压力/MPa	p_o
(3)	岩样高度/cm	H
(4)	岩样直径/cm	D
(5)	原始压力/MPa	p_k
(6)	杯中装满钢圆盘时的平衡压力/MPa	p_1
(7)	从杯中取出 1 号钢圆盘时的平衡压力/MPa	p_2
(8)	取出 1 号钢圆盘的体积/cm³	V_1
(9)	从杯中取出 3 号钢圆盘时的平衡压力/MPa	p_3
(10)	取出 3 号钢圆盘的体积/cm³	V_2
(11)	杯中装满样品时的平衡压力/MPa	p
(12)	装样品时取出的钢圆盘体积/cm³	$V_{钢}$
备注		

【必备知识】

岩石中除有固体物质外，还有未被固体物质所占据的空间，称为孔隙或空隙。实践证明，孔隙类型、孔隙结构是决定储层性能的根本因素和影响油气井产能的重要因素。储层孔隙特性是决定油气藏规模和开采价值的重要储层特性。因此，岩石孔隙的大小、形状、连通及发育程度直接影响岩石中储集油气的数量和生产油气的能力，也是油层物理学最关心和研究最多的课题。

一般将岩石颗粒包围着的较大空间称为孔隙。岩石的孔隙度分为有效孔隙度和绝对孔隙度。在石油行业中，一般采用有效孔隙度，因为对储层的工业评价只有有效孔隙度才具有实际意义。通常情况下，习惯把有效孔隙度简称为孔隙度。

孔隙度的测定方法主要有实验室直接测定法和以各种测井方法为基础的间接测定方法。由于间接测定法误差比较大，影响因素多，所以目前常用实验室直接测定法进行孔隙度测定（例如：气体法、煤油法、加蜡法）。岩石有效孔隙度的测定一般是测出岩样的骨架体积或孔隙体积，再测出岩样的视体积，即可计算出岩样的有效孔隙度。

一、储层岩石的孔隙结构

研究岩石的孔隙结构，实质上是研究岩石的孔隙构成，包括岩石的孔隙大小、形状、孔隙间连通情况、孔隙类型、孔壁粗糙程度等全部孔隙特征和它的构成方式。

1. 储层岩石的孔隙类型及其组合关系

砂岩储层的孔隙类型（部分）和按几何尺寸分类的孔隙具体情况见表 3-8、表 3-9。

表 3-8　砂岩储层的孔隙类型

分类角度	成因	形态	连通状况	流动状况	几何尺寸
孔隙类型	粒间孔	孔隙	连通孔隙	有效孔隙	超毛管孔隙
	溶蚀孔	裂缝	封闭孔隙	无效孔隙	毛管孔隙
	裂缝	溶洞			微毛管孔隙

表 3-9　按几何尺寸分类的孔隙类型具体情况

类型	孔径/μm	缝宽/μm	流体流动条件	实例
超毛管孔隙	>500	>250	自由流动	裂缝、溶洞
毛管孔隙	500~0.2	250~0.1	需加外力	砂岩
微毛管孔隙	<0.2	<0.1	常规条件很难流动	泥岩

具有一种孔隙的介质称为单纯（单一）介质，如孔隙、裂缝；具有两种孔隙的介质称为双重介质，如孔隙-裂缝；具有多种孔隙的介质称为多重介质，如孔隙-溶洞-裂缝。

2. 孔隙结构参数

孔隙直径 d：孔隙空间内任何一点的孔隙直径规定为在该点装得进去并且整个都在孔隙空间内的最大球形直径。

喉道直径：仅在两个颗粒之间连通的狭窄部分称为喉道，喉道直径是指能通过孔隙喉道的最大球形直径。

孔喉比：孔隙直径与喉道直径的比值。

孔隙的配位数：每个孔道所连通的喉道数。如一个孔道与三个喉道相连，则配位数为

3,一般砂岩的配位数为 2~15 或更多。

孔隙的迂曲度：用以描述孔隙弯曲程度的参数。是流体质点实际流经的路程长度和岩石外观长度的比值，可从 1.2~2.5 之间选用，一般无法直接测得。

3. 孔隙大小及分选性

孔隙大小分布的表示方法与颗粒大小分布的表示方法相类似，即可表示为孔隙大小分布曲线（图 3-5）和孔隙大小累积分布曲线（图 3-6）。

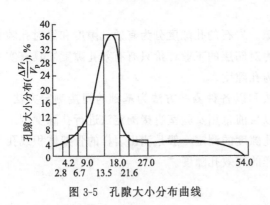

图 3-5　孔隙大小分布曲线　　　　图 3-6　孔隙大小累积分布曲线

① 分选系数 s_p：描述孔隙分布的均匀程度，公式为

$$s_p = \frac{\varphi_{84} - \varphi_{16}}{4} + \frac{\varphi_{95} - \varphi_5}{6.6} \tag{3-24}$$

$$\varphi_i = -\log_2 d_i \tag{3-25}$$

s_p 越低，均匀度越高。

② 偏度：又称歪度，指孔隙大小分布偏于粗孔径或细孔径，公式为

$$s_{kp} = \frac{\varphi_{84} + \varphi_{16} - 2\varphi_{50}}{2(\varphi_{84} - \varphi_{16})} + \frac{\varphi_{95} + \varphi_5 - 2\varphi_{50}}{2(\varphi_{95} - \varphi_5)} \tag{3-26}$$

实际岩石样品 s_{kp} 值在 ±1 之间变化，正值表示曲线偏于粗孔径为粗歪度；负值表示曲线偏于细孔径为细歪度。

③ 峰态：度量粒度组成分布曲线陡峭程度。度量分布曲线的两个尾部颗粒直径的展幅与中央展幅的比值

$$K_p = \frac{\varphi_{95} - \varphi_5}{2.44(\varphi_{75} - \varphi_{25})} \tag{3-27}$$

评价标准：以正态分布为标准，$K_p = 1$ 为正态分布；$K_p > 1$，孔隙分布均匀；$K_p < 1$，孔隙分布不均匀。若孔隙大小分布曲线具有尖峰，一般 $K_p = 1.5 \sim 3$；若曲线具有双峰甚至多峰，K_p 最小可达到 0.6，在多重孔隙介质时出现。

二、岩石的孔隙度

1. 孔隙度的定义

孔隙度：指岩石中孔隙体积 V_p（或岩石中未被固体物质充填的空间体积）与岩石总体积 V_b 的比值

$$\varphi = \frac{V_p}{V_b} \times 100\% = \left(1 - \frac{V_s}{V_b}\right) \times 100\% \tag{3-28}$$

式中 V_s——岩石中颗粒的体积，$V_b=V_p+V_s$。

储层的孔隙度越大，能容纳流体的数量就越多，储集性能就越好。

2. 在油田开发中应用的孔隙度

① 绝对孔隙度 φ_a：岩石的总孔隙体积 V_a 与总体积 V_b 之比

$$\varphi_a = \frac{V_a}{V_b} \times 100\% \tag{3-29}$$

② 有效孔隙度 φ_e：岩石的有效孔隙体积 V_e 与总体积 V_b 之比

$$\varphi_e = \frac{V_e}{V_b} \times 100\% \tag{3-30}$$

有效孔隙度用于评价油层特性，计算储量及饱和度。

③ 流动孔隙度 φ_f：指在含油岩石中，油能在其内流动的孔隙体积 V_f 与岩石总体积 V_b 之比。

$$\varphi_f = \frac{V_f}{V_b} \times 100\% \tag{3-31}$$

φ_f 不仅排除了死孔隙，亦排除了那些为毛管力所束缚的液体所占有的孔隙，还排除了岩石颗粒表面上液体薄膜的体积。流动孔隙度与地层中的压力梯度和流体的性质有关。流动孔隙度在数值上是不确定的，随地层压力梯度及岩石、流体间物理、化学性质而变化，是动态参数，但在油田开发分析中，具有一定的实际价值。

φ_e 反映原始地质储量，φ_f 反映可采储量。三种孔隙度之间的关系为：$\varphi_a > \varphi_e > \varphi_f$。

三、影响孔隙度大小的因素

① 储层岩石骨架：颗粒的大小、形状、排列方式、分选性等。

颗粒小，分选好，排列越不紧密，储层 φ_a 越高。

② 胶结物含量、胶结方式、压实程度。

③ 岩性：岩石矿物成分（砂岩 10%～20%，碳酸盐岩 <5%）；矿物的表面性质：吸附性、润湿性等；矿物的稳定性：抗风化、溶蚀能力等；矿物的敏感性：水敏性；特殊矿物成分；φ 的微观结构。

除此之外，还有其他因素影响流动孔隙度大小，如：比面、生产压差、流体黏度等。

四、岩石孔隙度的测定方法

1. 常规岩心分析法

常规岩心分析中，测定岩石孔隙度的各种方法均从孔隙度的定义出发，即利用式(3-28)，只要测得其中两个值，就可以求出 φ。

(1) 岩石总体积 V_b 的测定

① 直接测量：用千分卡尺直接测量小岩心的直径 d 和长度 L，并计算

$$V_b = \frac{\pi d^2 L}{4} \tag{3-32}$$

该方法简单，适用于胶结好，钻切过程中不垮、不碎的岩心。

② 封蜡法——矿场常用。

原理：利用阿基米德浮力原理进行测量。

步骤：称岩样在空气中的质量为 w_1；称覆盖蜡衣岩样在空气中的质量为 w_2；称覆盖

蜡衣岩样在水中的质量为 w_3；则岩样 V_b＝覆盖蜡衣的岩样体积－蜡衣体积，即

$$V_b = \frac{w_2 - w_3}{\rho_w} - \frac{w_2 - w_1}{\rho_a} \tag{3-33}$$

式中　ρ_w——水的密度，g/cm³；
　　　ρ_a——蜡的密度，g/cm³。

该方法适用广泛，矿场最常用，主要适用于疏松、易垮、易碎的岩样。

③ 饱和煤油法。

原理：利用阿基米德浮力原理进行测量

步骤：将干岩样抽真空后饱和煤油，称重，饱和煤油的岩样在空气中质量为 w_1，饱和煤油岩样在煤油中质量为 w_2；则岩样 V_b 为

$$V_b = \frac{w_1 - w_2}{\rho_o} \tag{3-34}$$

式中　ρ_o——煤油密度。

该方法适用于外表不规则，但不疏松、不垮、不碎的岩样。

④ 水银法

原理：将岩样放入汞中，通过排出汞的体积确定岩样总体积。汞是大分子液态金属，为非润湿流体。常温、压下，汞不能进入岩样孔隙中。

该方法快速、准确，但对人体有害。适用于外表不规则，无大溶孔、溶洞的岩样。

(2) 岩石孔隙体积 V_p 的测定

① 气体孔隙度仪——矿场上广泛采用的测定方法，其测定原理如图 3-7 所示。

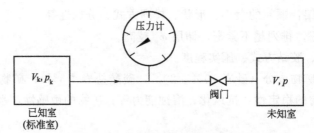

图 3-7　气体孔隙度仪原理示意图

原理：据 Boyle 定律，通过测孔隙中气体的体积测定 V_p。

步骤：标准气室为已知体积 V_k 的气室，岩心置于未知室（岩心夹持器），由橡胶套包裹岩心并加外压，不留空隙；测定时对岩样抽真空；另将气体充入标准室，压力平衡后记录压力 p_k；打开阀门，使气体等温膨胀进入岩心孔隙体积，平衡后最终压力为 p。由 Boyle 定律知

$$V_k p_k = p(V_p + V_k) \tag{3-35}$$

$$V_p = \frac{V_k(p_k - p)}{p} \tag{3-36}$$

该方法适用范围广，疏松、致密岩石均可使用；结果准确可靠；可测定岩石 V_p 和 V_s。

② 饱和煤油法。

原理：通过测孔隙中饱和的煤油体积 V_o 得到 V_p。

步骤：称干岩样空气中重为 w_1；称干岩样饱和煤油后在空气中重为 w_2；则岩样

$$V_p = \frac{w_2 - w_1}{\rho_o} \tag{3-37}$$

该方法简单，但煤油易挥发，容易产生误差。

③ 流体加和法。

原理：由测定的流体体积求岩石 V_p，即分别测出岩样中油、气、水的体积 V_o、V_g、V_w，得

$$V_p = V_w + V_o + V_g \tag{3-38}$$

该方法油气体积不易测准，误差大。

④ 压汞法。

原理：由测定压入汞的体积得到有效孔隙体积。

步骤：将经过抽提、洗油、烘干的岩样置于岩样室中，在高压下压入水银，测定不同压力下压入岩心中水银的体积，经过压缩系数校正后，即可求出不同压力下岩石的有效孔隙体积。

(3) 岩石骨架体积 V_s 的测定

① 气体孔隙度仪法

原理：与气体孔隙度仪相同，也是利用 Boyle 定律。

步骤：设岩样的颗粒体积为 V_s，已知未知室体积为 V（不加岩心套），则放入岩心后剩余体积 $V - V_s$。标准室为已知体积 V_k 的气室，岩心置于岩心室，测定时对岩样抽真空；另将气体充入标准室，压力平衡后记录压力 p_k；打开阀门，使气体等温膨胀进入岩心孔隙体积，平衡后最终压力为 p。由 Boyle 定律得

$$V_k p_k = p(V_k + V - V_s) \tag{3-39}$$

$$V_s = V - \frac{V_k(p_k - p)}{p} \tag{3-40}$$

② 固体体积计法，即固体比重计（图 3-8）法。

步骤：将岩样捣碎成颗粒放入底瓶，将立瓶倒置，在里面注入煤油，并使液面到达一定的刻度点，然后与底瓶连接起来装好，由立瓶上的刻度直接可读出颗粒的体积 V_s。

2. 地质方法

(1) 薄片法

通过镜下观察，统计出孔隙所占面积以及薄片所占的面积，从而确定岩石的孔隙度。

(2) 测井法

中子测井、声波测井、密度测井、微电极测井、微侧向测井等，都是根据实测的测井曲线查相应的孔隙度图求得岩石孔隙度的方法。

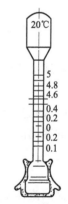

图 3-8　固体比重计

五、储层岩石的压缩性

在油田开发前，地层中岩柱压力和油藏压力及岩石骨架所承受的压力处于平衡状态；投入开发后，随着油层中流体的采出，油层压力不断下降，平衡遭到破坏，使外压与内压的压差增大。此时，岩石颗粒挤压变形，排列更加紧密，从而孔隙体积缩小，如图 3-9 所示。

1. 压缩系数的定义

岩石的压缩系数是指油层压力每降低一个大气压时，单位体积岩石内孔隙体积的变化率。

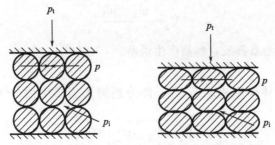

图 3-9 油田开发前后储层岩石受力变化示意图

$$C_f = \frac{1}{V_b}\frac{\Delta V_p}{\Delta p} \tag{3-41}$$

由于压力降低时，孔隙体积缩小，使油不断地从油层中流出，因此，从驱油角度讲，这是驱油的动力，它驱使地层岩石孔隙内的流体流向井底。岩石压缩系数的大小，表示了岩石弹性驱油能力的大小，也称为岩石弹性压缩系数。

虽然岩石的压缩系数很小，但考虑到还有流体的压缩系数，特别是当边水或底水区很大时，岩石的压缩系数使孔隙体积缩小，流体的压缩系数使流体发生膨胀，两者共同作用，就可以从地层中将大量的流体排到生产井中去。

那么，当单位体积岩石发生单位压力降低时，由于岩石孔隙体积的缩小和孔隙中流体的膨胀，能采出多少油呢？即

$$\Delta V_o = \Delta V_{of} + \Delta V_{oL} \tag{3-42}$$

岩石压缩的弹性驱油量等于岩石形变引起的 V_p 减小值，即

$$\Delta V_{of} = \Delta V_p = C_f V_b \Delta p \tag{3-43}$$

流体膨胀的弹性驱油量，即

$$\Delta V_{oL} = \Delta V_L = C_L V_L \Delta p = C_L V_p \Delta p = C_L V_b \varphi \Delta p \tag{3-44}$$

地层弹性驱油量，即

$$\Delta V_o = (C_f + C_L \varphi) V_b \Delta p = C^* V_b \Delta p \tag{3-45}$$

则地层的综合弹性压缩系数为

$$C^* = C_f + C_L \varphi \tag{3-46}$$

C^* 的定义为：当地层压力每降低单位压力时，单位体积岩石中孔隙及孔隙中流体的总体积的变化值，即

$$C^* = \frac{1}{V_b}\frac{\Delta V_o}{\Delta p} \tag{3-47}$$

储层流体多为多相流体，含有油、气、水流体，则流体的压缩系数 C_L 为

$$C_L = C_w S_w + C_o S_o + C_g S_g \tag{3-48}$$

$$C^* = C_f + (C_w S_w + C_o S_o + C_g S_g)\varphi \tag{3-49}$$

式中　　S_w——含水饱和度；
　　　　S_o——含油饱和度；
　　　　S_g——含气饱和度；
C_w，C_o，C_g——水、油、气的压缩系数。

2. 压缩系数的应用

① 用岩石 C_p 校正实验室测定的孔隙度 φ_0，则地层孔隙度为

$$\varphi = \varphi_0 e^{-C_p \Delta p} \tag{3-50}$$

② 计算油藏弹性驱油量。

弹性可采储量是指地层压力从原始地层压力 p_i 下降至原油泡点压力 p_b 时可采出的流体量

$$\Delta V_o = C^* V_b \Delta p = C^* V_b (p_i - p_b) \tag{3-51}$$

式中　p_i——原始地层压力是指油藏投入开发前的压力；

　　　p_b——泡点压力是指油中的气开始脱出时的压力。

③ 研究岩石、流体弹性能。

一般流体压缩性＞岩石压缩性，C_L 约比 C_f 大 2 个数量级，但是储层流体体积≪储层骨架体积。所以，流体压缩性比岩石大，但地层流体弹性驱油能力与岩石弹性驱油能力相当。

【考核评价】

考核标准见表 3-10。

表 3-10　储层岩石孔隙性评价评分标准

序号	考核内容	评分要素	配分	评分标准	备注
1	样品准备、仪器准备	样品加工：将待测样品用钻床钻成直径为 50mm，长度为 100mm。样品处理：含油样品先洗油（含盐量大的要除盐），在 105℃ 的烘箱中烘干（时间长短可视具体情况而定），然后放入干燥器中冷至室温，待测	5	未正确说出样品处理尺寸的扣 2 分；未正确说出样品处理流程的扣 3 分	
		连接好岩心室或夹持器；接通气源；关闭放空阀和样品阀，打开气源阀和供气阀，用调节器使标准室的压力达到 0.6MPa 以下。关闭供气阀，稳定一段时间后，加压力不下降，说明整个系统不漏气，否则就需要检漏	10	未能正确说出仪器流程扣 5 分，未按正确顺序开关控制阀门扣 3 分，不知道标准控制压力扣 2 分	
		打开样品阀，稳定一段时间后，如压力不下降，说明整个系统不漏气，否则就应检漏（可用肥皂液检漏）。如果停用时间较长，正式测量之前应对压力计进行校正	5	未能正确判断系统是否漏气扣 5 分；未描述压力计校正条件扣 2 分，未知漏气检测方法扣 1 分	
2	颗粒体积测定、孔隙体积的测定	测量各个钢圆盘和岩样的几何体积，通过有序开关各控制阀门，调节平衡压力，同时按要求取出或放入对应钢圆盘或样品，并记录平衡压力及对应取出或放入夹持器中的钢圆盘体积	30	未待系统压力全稳定后读数扣 2 分；孔隙计停用时，未关气瓶总阀、气源阀和样品阀，使系统保持一定压力扣 2 分；孔隙计停用一段时间后，再启用时未试漏扣 2 分	
		用管线将孔隙计出口与渗透率仪的 TY-B 岩心夹持器连接，按气体渗透率仪的操作规程测定测孔隙计出口到实心圆柱体端面第一段管线的空体积 V_1 及待测样品 V_2，并填入原始记录表格	30	未连接孔隙计出口与渗透率仪扣 10 分；未按操作规程操作测定 V_1、V_2 各扣 5 分	
3	数据处理、清理场地	据附表中的参数计算出 V_k 及 G；计算岩样的颗粒体积 V_g；计算岩样外表面体积；计算岩样的孔隙度 φ；	15	未能正确解释公式意义各扣 2 分；未正确代入各扣 2 分	
		清理现场，收拾工具	5	未清理现场扣 3 分；少收一件工具扣 1 分	
4	考核时限	30min，到时停止操作考核			
		合计 100 分			

任务三　储层岩石渗透性评价

教学任务书见表 3-11。

表 3-11　教学任务书

情境名称	储层岩石性质测定		
任务名称	储层岩石渗透性评价		
任务描述	样品准备、仪器准备；测量并计算样本尺寸；放入岩样、调压测流量；数据处理		
任务载体	模拟岩样；气体渗透率测定仪		
学习目标	能力目标	知识目标	素质目标
	1.能够正确地完成储层岩样的渗透率的测定操作 2.能够正确地完成测定数据的处理	1.掌握岩石样本的准备方法 2.掌握岩石样本渗透率的测定方法与原理 3.掌握渗透率测定数据的处理方法	1.培养学生团队意识 2.培养学生观察、思考、自主学习的能力 3.培养学生爱岗敬业、严格遵守操作规程的职业道德素质

【任务实施】

一、任务准备

气体渗透率测定流程如图 3-10 所示。

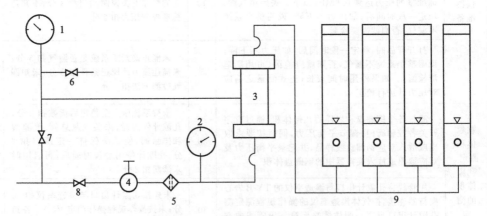

图 3-10　气体渗透率测定仪流程图

1—环压表；2—上流压力表；3—岩心夹持器；4—压力调节器；5—干燥器；
6—放空阀；7,8—环压阀；9—气源阀

二、测定步骤

① 从干燥器取出适合夹持器直径的岩样，用游标卡尺量出岩样的长度和直径计算其横截面积 A，几何尺寸必须在进行测定之前量出。如果为了保持岩心端面干净，而需要将岩心的一部分切掉之后，应重新取其长度。

② 先检查面板上各阀门与夹持器上的手轮是否关死。

③ 拧松岩心夹持器两边固定托架的手轮后，下降托架，卸出夹持器内的加压钢柱塞。

④ 将测量几何尺寸的岩样装进岩心夹持器的橡皮筒内，用加压钢柱塞将岩样向上顶，直到岩样两端被夹持器上端头与加压钢柱塞贴紧为止，拧紧手轮。

⑤ 打开放空阀，关放空阀。

⑥ 打开高压气瓶阀，将气瓶上的压力表调到 1MPa，开岩心阀，使环压表显示到 1MPa，关岩心阀。

⑦ 调节压力调节器（一般压力由小到大调节），调至所需要的上流压力至 0.2MPa 左右，若需要的上流压力低，通过定值器调节。

⑧ 选择一流量计，在不同上流压力下读取流量（气体渗透率测定仪上装有三支流量计，其量程是不同的，在使用时应根据流量的大小不同，选择适当量程的流量计，在满足要求的情况下尽量选用小量程的流量计，流量计的使用与流量校正请参见流量计使用说明书），要求每块岩样应测 4 个点以上不同压差下的流量。

⑨ 调节压力调节器，使上流压力降至零，开放空阀，使环压降至零，重复步骤，取出岩样。

⑩ 如果要继续测试，再重复步骤④～⑨；如果实验结束将加压柱塞推进夹持器中，拧紧手轮，关闭所有阀门，测试完毕。

三、数据处理

① 由于单相流体通过岩样，其渗流规律也不总是服从达西定律，只有在压力梯度较小、流速较低时，单相流体在多孔介质中的流动才服从达西线性渗流。当压力梯度超过某一极限值时，就不再服从达西定律，而是服从非线性渗流规律。为此需要做 $Q\text{-}\Delta p/L$ 曲线来验证达西定律。

② 取 $Q\text{-}\Delta p/L$ 直线段的点子，按下式分别计算气体渗透率 K_g

$$K_g = \frac{2p_0 Q_0 \mu L}{A(p_1^2 - p_2^2)} \times 10^{-1}$$

式中　p_0——大气压力，MPa；

p_1，p_2——岩心进、出口压力，MPa；

$\bar{p}$——平均压力，MPa；

K_g——气体渗透率，μm^2；

μ——气体的黏度，mPa·s（根据所用的温度查表而来）；

Q_0——大气压力下气体的体积流量，cm^3/s。

③ 根据 $1/\bar{p} = 1/[0.5(p_1 + p_2)]$，计算 $1/\bar{p}$ 的值。

④ 将测试点得到的 K_g 和 $1/\bar{p}$ 绘制成 $K_g\text{-}1/\bar{p}$ 曲线，又根据直线外推在纵坐标上的截距，得到岩心的真实绝对渗透率（又称等值液体渗透率）。

原始数据记录见表 3-12。

表 3-12　原始数据记录表

项　目	1	2	3	4	5
岩样进口压力(表)p_1'/MPa					
岩样进口压力(绝)p_1/MPa					
岩样出口压力(表)p_2'/MPa					

项　目	1	2	3	4	5
岩样出口压力(绝)p_2/MPa					
气体流量(测)Q/(mL/s)					
气体流量(校)Q_0/(mL/s)					

岩样长度 $L=$　　　cm　　　岩样直径 $D=$　　　cm
岩样横截面积 $A=$　　　cm^2　　大气压力 $p_0=$　　　MPa
气体温度 $t=$　　　℃　　　气体黏度 $\mu=$　　　mPa·s

【必备知识】

储层岩石中绝大多数孔隙是相互连通的，因此，在一定压差作用下，它有允许流体通过的性质，这种性质称为岩石的渗透性。用以衡量流体渗过岩石能力大小的参数就是通常所说的渗透率。

孔隙度可评价储层的储集性，饱和度可评价储层中的含油气性，而渗透率则可评价油层中油气开采的难易程度及开采效果。渗透率是油气开发、油藏工程动态分析的关键储层物性参数。

一、Darcy 定律及岩石绝对渗透率

1. Darcy 实验及 Darcy 定律

1856 年法国水文工程师 Henh Darcy 在解决城市供水问题时，曾用未胶结砂做水流渗滤实验，其装置如图 3-11 所示。Darcy 实验发现，当水通过同一粒径的砂子时，其流量 Q 的大小及砂层截面积 A 及进、出口端的水头差（Δh 或 Δp）成正比，与砂层的长度 L 成反比；在采用不同流体时发现，流量与流体的黏度成反比，即

$$Q \propto \frac{A \Delta p}{\mu L} \tag{3-52}$$

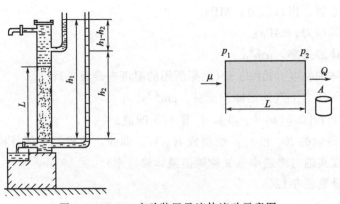

图 3-11　Darcy 实验装置及流体流动示意图

采用不同粒径的砂粒，当其他条件与 A、L、μ、Δp 相同时，其流量也不同。引入比例系数 K，建立 Darcy 定律

$$Q = K \frac{A \Delta p}{\mu L} \tag{3-53}$$

Darcy 将非胶结砂层中水流渗滤的实验研究结果概括成一个定律（又被命名为 Darcy 定律）。在一定条件下，Darcy 定律也适用于流体在胶结岩石和其他多孔介质中的渗透。若将水头差折算成压力差计算，Darcy 定律描述为单位时间内流体通过多孔介质的流量 Q 与加在多孔介质两端的压力差 Δp 和介质的截面积 A 成正比，与多孔介质长度 L 和流体黏度 μ 成反比，即

$$Q = K\frac{A\Delta p}{\mu L} \times 10 \tag{3-54}$$

式中　Q——在压差 Δp 下，通过岩心的流量，cm^3/s；
　　　A——岩心截面积，cm^2；
　　　L——岩心长度，cm；
　　　μ——通过岩心的流体黏度，$mPa \cdot s$；
　　　Δp——流体通过岩心前后的压力差，MPa（$1atm = 0.0981MPa \approx 0.1MPa$）；
　　　K——比例系数，又称为砂子或岩心的渗透系数或渗透率，D。

Darcy 定律描述流体在多孔介质中的宏观流动规律，是油气藏工程计算的核心定律，是流体渗流的基本定律，其对单相和多相流体渗流或在松散砂柱、胶结砂岩及其他多孔介质中都可以使用。

2. 岩石绝对渗透率 K

Darcy 定律用于储层流体渗流时，系数 K 称为岩石的绝对渗透率

$$K = \frac{Q\mu L}{A\Delta p} \times \frac{1}{10} \tag{3-55}$$

K 只与多孔介质结构有关，与流体性质无关。K 大，则 Q 大，岩石允许流体通过的能力大。即 K 可定量评价岩石渗透性的大小。

岩石绝对渗透率 K 的法定计量单位：D（达西），$1D = 1000mD = 1\mu m^2$。储层岩石的渗透率一般为 $5 \sim 1000mD$。那么，$1D$ 的物理意义是指在长度 $L = 1cm$，截面积 $A = 1cm^2$ 的岩心中，黏度为 $1mPa \cdot s$ 的流体在 $1atm$ 的压差下流过岩心流量 $Q = 1cm^3/s$。

因渗透率具有面积的因次，其物理意义十分明显。我们可以将渗透率理解为它代表了多孔介质中孔隙通道面积的大小和孔隙弯曲程度。渗透率越高，多孔介质孔道面积越大，流动越容易，可渗性也越好。

3. 使用 Darcy 定律的流速条件

使用条件：流体为线性渗流，其渗流速度＜临界流速

线性渗流的判断方法：作图法，即 Q-Δp 为过原点直线，则为线性流；雷诺数 Re 法。

Darcy 定律在力学上是反映流体流经岩心时呈现为黏滞阻力。当渗流速度增大到一定程度之后，除产生黏滞阻力外，还会产生惯性阻力。此时流量与压差不再呈线性关系，Darcy 定律被破坏。

二、岩石绝对渗透率测定原理

不与岩石发生任何物理化学反应的不可压缩流体，100%饱和岩心后，在线性渗流条件下测得的岩石渗透率为岩石的绝对渗透率。即：

① 单相不可压缩流体稳定渗流：保证流体体积流量 Q 在各横断面上不变，并与时间无关。

② 流量与压差之间呈线性关系（保持线性渗流）：Q 和 Δp 间呈直线关系，也即所谓直线（线性）渗流。只有这时，Darcy 公式中的比例系数 K 才是常数，它代表了岩石绝对渗透率的概念。

③ 流体与岩石性质稳定，不发生任何物理化学反应。

实际用流体测定时，很难选用到这种流体。当用水测岩石渗透率而岩石中含有黏土矿物时，黏土会遇水膨胀而使渗透率降低。当用油测岩石渗透率时形成物理吸附，导致孔隙表面形成油膜使孔隙空间减小，则岩石渗透率降低。当气测岩石渗透率时，气体膨胀、流量变化导致 Darcy 公式不能用、以及气体滑脱效应而使得岩石渗透率升高。

三、岩石绝对渗透率的测定方法

目前我国常规岩心分析标准中，规定用气体（干燥空气或氮气）来测定岩石的绝对渗透率。优势在于空气具有来源广、价格低，氮气又具有化学稳定性好，使用方便的优点；气体性质较稳定，不易变化，不与岩石表面作用而改变孔隙大小等。

1. 气测渗透率的计算公式——流量不稳定校正

气测渗透率的理论基础是 Darcy 定律，岩石气体渗透率测定仪如图 3-12 所示。

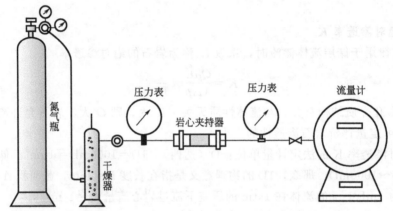

图 3-12　岩石气体渗透率测定仪示意图

当液测时，液体体积流量 Q 在岩心两端压力 p_1 和 p_2 下，在岩心中任意横截面上都是不变的，即认为液体不可压缩。这虽然是近似，但在低压实验条件下是允许的。

气体的体积随压力和温度变化而变化。在岩心沿长度 L，每一断面的压力均不相同，因此，进入岩心的气体体积流量在岩心各点上是变化的，沿着压降方向不断膨胀、增大，所以应采用 Darcy 定律的微分形式，即

$$K = -\frac{Q\mu}{A} \div \frac{\mathrm{d}p}{\mathrm{d}L} \tag{3-56}$$

如果把流动过程中气体膨胀看作是等温过程，那么，根据波义耳定律，有

$$p_1 V_1 = p_2 V_2 = p_0 V_0 = pV = 常数 \tag{3-57}$$

$$p_0 Q_0 = pQ = 常数 \tag{3-58}$$

$$Q = \frac{p_0 Q_0}{p} \tag{3-59}$$

式中　Q_0——大气压 p_0 下的体积流量。

将式(3-57) 代入式(3-55)，得

$$K = -\frac{Q_0 p_0 \mu}{A} \frac{dL}{p \, dp} \tag{3-60}$$

分离变量、积分，得

$$\int_{p_1}^{p_2} Kp \, dp = \int_0^L -\frac{Q_0 p_0 \mu}{A} dL \tag{3-61}$$

气测岩石渗透率的计算公式为

$$K_g = \frac{2Q_0 p_0 \mu L}{A(p_1^2 - p_2^2)} \tag{3-62}$$

式中 K_g——气测岩石绝对渗透率，μm^2；

p_1，p_2——岩心进、出口端压力，atm；

p_0——大气压力，atm；

Q_0——大气压 p_0 下的体积流量，cm^3/s。

气测岩石渗透率的计算公式与液测渗透率计算公式的最大不同点是：岩石渗透率 K 不是与岩心两端的压力差成反比，而是与两端压力的平方差成反比。在用不同气体实际测定岩石渗透率时：同一岩心，同一种气体，采用不同的平均压力所测得的渗透率不同；同一岩心，不同气体，在同一平均压力下所测得的渗透率不同；同一岩心，不同气体所测得的渗透率和平均压力的直线交纵轴于一点，该点的渗透率等效于液测渗透率，叫作等效液测渗透率或克氏渗透率，如图 3-13 所示。

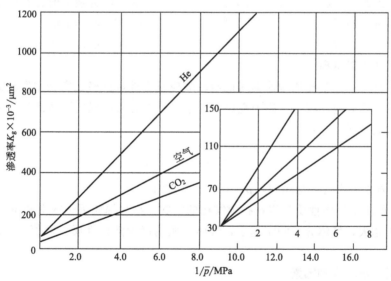

图 3-13 不同气体在不同平均压力下的气测渗透率

2. 气体滑脱现象

(1) 气体滑脱现象概念

低压气体渗流时，其流速在毛孔断面上的分布偏离黏性流体流动特性，出现气体分子在管壁处速度不等于零的流动现象，又称"滑脱效应"。

(2) 滑脱现象产生的原因

液测岩石渗透率的 Darcy 公式是建立在液体（确切讲是牛顿流体）渗滤实验的基础上的，认为液体的黏度不随液体的流动状态而改变，即所谓的黏性流动。其基本特点是液体在管内某一横断面上的流速分布是圆锥曲线。由图 3-14 可见：液体流动时，在管壁处的流速为零，这可理解为由于液体和管壁固体分子间出现黏滞阻力。通常，液-固间的分子力比液-液间的分子力更大，故在管壁附近表现的黏滞阻力更大，致使液体无法流动而黏附在管壁上，表现为流速减少到零。

对气体来说，因为气-固之间的分子作用力远比液-固间的分子作用力小得多，在管壁处的气体分子有的仍处于运动状态，并不全部黏附在管壁上。另一方面，相邻层的气体分子由于动量交换，可连同管壁处的气体分子一起作定向的沿管壁流动，这就形成了所谓的"气体滑动现象"。

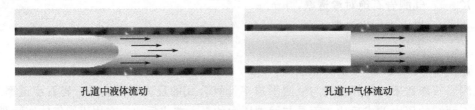

图 3-14　孔道中不同流体流动情况

(3) 滑脱现象对气测 K_g 的影响

同一岩石的气测渗透率值大于液测的岩石渗透率。由于气体滑动现象的存在，管壁处气体亦参加流动，这就增加了气体的流量。较液测而言，其实质就是岩石孔道提供了更大的孔隙流动空间，因此，一般气测渗透率都较液测渗透率更大。因为液测时在孔壁上不流动的液膜占去了一部分流通通道。但就岩石孔隙本身而言，孔隙并没有增加，孔道断面也并未增大，从这种意义上来说，气测法测出的岩石渗透率应更能确切的反映出岩石的渗透性。

(4) 等效液体渗透率

由于气体在微细毛管孔道中流动时的滑动效应是克林肯贝格在实验中发现的，故人们将滑动效应称为克氏效应，将 K_∞ 称为克氏渗透率。克林肯贝格提出了考虑气体滑动效应的气测渗透率数学表达式

$$K_a = K_\infty \left(1 + \frac{b}{\bar{p}}\right) \tag{3-63}$$

式中　$\bar{p}$——岩心进出口平均压力，$\bar{p} = (p_1 + p_2)/2$；

　　　b——取决于气体性质和岩石孔隙结构的常数，称为辐脱因子或滑脱系数。

平均压力越大，气体分子间距越小，气体性质越接近液体性质。数值上，K_∞ 等于岩石绝对渗透率。

(5) 滑脱现象的影响因素

$$b = \frac{4C\lambda \bar{p}}{r} \tag{3-64}$$

式中　λ——平均压力下气体分子平均自由行程，$\lambda = 1/(\sqrt{2}\pi d^2 n)$ 其中，d 为分子直径，由气体种类决定；n 为分子密度，与平均压力相关；

　　　r——毛管半径（相当于岩石孔隙半径）；

　　　C——近似于 1 的比例常数。

① 平均压力越小，所测渗透率值 K_a 越大。

平均压力就是岩石孔隙中气体分子对单位管壁面积上的碰撞力，它既决定于气体分子本

身的动量,又决定于气体分子的密度。平均压力越小,就意味着气体分子密度小,即气体稀薄,气体分子间的相互碰撞就少,气体分子的平均自由行程就越大,使气体分子更易流动,气体滑脱现象就更严重,因而测出的渗透率值 K_a 就越大。

② 不同气体所测的渗透率值也不同。

气体的滑脱效应还与气体的性质有关。气体种类不同如 He、空气和 CO_2,它们的分子量分别为 4、29 和 44,分子直径不同。由 λ 的定义式可知,自由行程不同,使得滑脱系数 b 不同。分子量小,d 小,λ 大,b 大,滑脱效应严重,这与图 3-13 中所示的 He、空气、CO_2 气体随分子量增大,滑脱效应减弱相一致。

③ 岩石不同,气测 K_a 与液测 K_∞ 差值大小不同。

致密的岩心,孔道半径 r 小,由式(3-62)可知,b 越大,滑脱效应越严重。这是因为只有在气体分子的平均自由行程和它流动的孔道相当时,气体滑动的这一微观机理才可能表现出来,滑动所造成的影响也才会突出出来。然而在高渗透率岩心中渗流时,气体是在较大的孔道中渗流,滑脱现象不明显,因为此时岩石孔道直径比气体分子自由行程大很多,气体本身就很容易流动,气体滑动对整个流动的影响就显得微不足道。对于低渗透岩石,在低压下测定时,气体滑动现象对气测渗透率有较大的影响。

3. 气测渗透率 K_a 的校正——滑脱效应校正

(1) 实验测定数据

依据:$K=K_\infty(1+b/\bar{p})$。

具体步骤:测定不同平均压力下的流量 Q 及岩心进、出口压力 p_1、p_2,测定 5 组以上的数据点;用气测渗透率公式计算不同平均压力下的 K_a;绘制 K_a-$1/\bar{p}$ 直线;将直线外推至 K_a 轴,截距即为 K_∞。

(2) 经验公式

在 $\bar{p}$ 近于 0.1MPa 时,有

$$K_L = K_a \frac{C}{C+0.74} \tag{3-65}$$

式中,$C=7/\bar{p}\mu m$,$\bar{p}$ 是压汞法所得出的毛管压力曲线中平缓段的平均压力。

除以上两种方法外,还可以在图中直接查得,常用的图有法克氏效应校正图。

四、岩石绝对渗透率的实验室测定

实验室直接法的测定原理都是基于 Darcy 定律。

1. 常规小岩心测定——砂岩储层

目前有关常规的小岩心的渗透率测定的仪器各不相同,但原理一致。都是待气体通过岩心的流动状态稳定后,测定岩心两端的进、出口压力 p_1 和 p_2 的压差 p_1-p_2 下对应的流量 Q,由实测或查有关图表得到流过岩心气体的黏度,按式(3-60)计算出岩心的渗透率。

2. 全直径岩心测定——非均质储层

全直径岩心或称全径岩心测定是将钻井取出的整个岩心在长度上切取一段进行测定。测定时,采用 Hassler 型岩心夹持器,可分别测出同一岩样的水平方向渗透率和垂直方向的渗透率。

① 水平 K 测定——平行岩石层面方向线性流动

水平渗透率的测定所用的 Hassler 型岩心夹持器如图 3-15 所示。该夹持器有一个内部

装有胶皮筒的长钢管,胶皮筒的端部紧贴于钢管上,使钢管与胶皮筒之间形成环形空间密封。在上、下加压柱塞上有一小孔眼以便气体进入岩样。

当测定水平渗透率时,借助液压泵使加压柱塞上移,直至胶垫与岩样两端密封起来。加环压使胶皮筒密封住岩样侧表面(除有滤网处以外的表面),测定两滤网水平方向的渗透率。

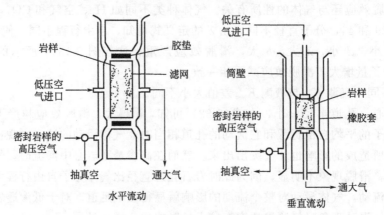

图 3-15　Hassler 型岩心夹持器

水平方向渗透率的计算方法是在 Darcy 公式中引进一附加的形状系数 E,该形状系数可由电模型、驱替实验等方法求得,它与岩样的直径以及用来分配气体的多孔滤网的弓形角度有关。其关系曲线如图 3-16 所示,当弓形滤网的面积为 1/4 岩样侧面时,$E=1$。此时,Darcy 公式修正为

$$K_a = E \frac{2Q_0 p_0 \mu}{L(p_1^2 - p_2^2)} \tag{3-66}$$

式中　K_a——水平渗透率,μm^2;

　　　Q——在大气压 p_0 下通过岩样的空气流量,cm^3/s;

　　　μ——气体的黏度,$mPa \cdot s$;

　　　L——岩样长度,cm;

　　p_1,p_2——岩样两端入口及出口压力,MPa。

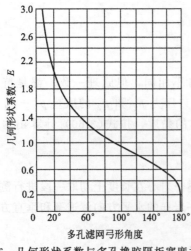

图 3-16　几何形状系数与多孔橡胶隔板宽度关系曲线

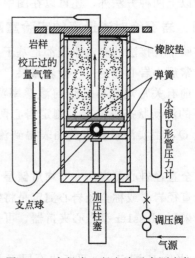

图 3-17　全径岩心径向渗透率测定仪

② 垂直 K 测定——垂直岩石层面方向线性流动。

应用上述 Hassler 夹持器测定垂向渗透率时，需将岩样侧表面的滤网除去而在岩样两端加上滤网，使气体由岩样的两端通过，测定其垂向渗透率。其过程和计算公式与常规小岩心测渗透率完全相同。

③ 径向 K 测定——流体在岩心中呈径向线性流动。

将全径岩心中心钻孔，即可测定其径向渗透率。全径岩心径向渗透率测定仪如图 3-17 所示，主要由三部分组成：一个能使进口压力保持均匀、容积较大的岩心室；能密封岩心两端头的柱塞；以及一个可以上下移动的平板部件。在部件中还包括下端固定板、相隔 120°排列的三个弹簧、支点球和上端活动板。

测试时，将中心已钻有孔的岩样放在可移动的平板上（此孔一定要钻在中心），岩样的下端垫有厚胶垫，然后用柱塞将岩样顶起，使其贴紧在上下端胶垫上，严防岩心与胶垫之间漏气。待流动状态稳定后，测定经过岩心的流量（大气压下的流量 Q_0）和进、出口压力 p_1 和 p_2。径向 Darcy 公式为

$$K = \frac{Q_0 p_0 \mu \ln(d_e/d_w)}{\pi h^2 (p_1^2 - p_2^2)} \tag{3-67}$$

式中　h——岩样高度；

d_e, d_w——岩样外径及孔眼内径。

五、岩石绝对渗透率的估算

1. 测井资料估算

在矿场生产实际中，由于种种原因（如降低成本、提高钻速），并非所有的井都有条件进行取心，因而也就不可能用岩心分析测定方法来得到每口井的渗透率资料，但井钻成后，进行测井则是普遍的。因此，人们就设法利用测井曲线来获取数值模拟所需的渗透率等资料。一般岩石孔径越小，束缚水饱和度 S_{wi} 越高，渗透率 K 就越低。对砂岩来说，孔隙度高的岩层，渗透率一般也好。现在可由测井得到的孔隙度和 S_{wi} 的资料估算出岩层的渗透率。目前在测井中，常用下列一类关系式计算渗透率

$$K = \frac{c\varphi^a}{S_{wi}^b} \tag{3-68}$$

式中，a、b、c 是与岩石孔隙结构及流体性质有关的系数。

但需注意的是应用测井方法所求得的地层岩石渗透率，其误差通常可达到 50%，然而在缺少实测岩心资料的情况下，该法也不失为一种有效的方法。

2. 岩样孔隙数据估算

岩样孔隙数据是基于将真实岩石中渗流的 Darcy 公式与理想孔隙介质毛管中渗流的泊稷叶公式相结合而得出的。

按照实际岩石渗流——Darcy 公式

$$Q = K \frac{A \Delta p}{\mu L} \tag{3-69}$$

按照毛管束模型（单位截面积中有 n 根等径毛管，其他几何尺寸、流体性质、压差与真实岩石同）渗流——泊稷叶公式

$$Q = \frac{nA\pi r^4 \Delta p}{8\mu L \tau} \tag{3-70}$$

根据等效渗流阻力原理：两种岩石在其他条件相同时，若渗流阻力相等，则通过岩石的流量也相等，得

$$\frac{KA\Delta p}{\mu L}=\frac{nA\pi r^4 \Delta p}{8\mu L\tau} \tag{3-71}$$

又根据毛管束渗流模型的孔隙度定义

$$\varphi=\frac{nA\pi r^2 L\tau}{AL}=n\pi r^2\tau \tag{3-72}$$

化简、整理，得到岩石 K 的估算公式

$$K=\frac{\varphi r^2}{8\tau^2} \tag{3-73}$$

六、岩石绝对渗透率的影响因素

(1) 储层岩石结构的影响

① 储层岩石骨架构成（微观因素）。

② 颗粒的组成和结构，如大小、分选、排列等。胶结物的含量、胶结类型等二者共同决定岩石 φ、S 大小，影响岩石 K 大小。所以，颗粒越粗，分选越好，胶结物含量越少，渗透率越高。

(2) 沉积构造（宏观因素）

不同层理，渗透性不同。同一层理，不同方向渗透性不同（顺和垂直水流）。

(3) 储层岩石孔隙结构

孔隙度（宏观）越大、则 K 越大；孔隙结构（微观）：孔道越弯曲、孔隙连通度越低、孔喉比越大，则 K 越小。

(4) 地静压力和地层温度

地静压力和地温对岩石 K 的影响具有互补关系：当作用于岩样上的压力越大时，渗透率就相应减小，当压力超过某一数值（20MPa）时，渗透率 K 就急剧下降。泥质砂岩比砂岩渗透率减小得更厉害，甚至降为零。随温度升高，压力对渗透率的影响将减小，特别是在压力较小的情况下。这是由于温度升高，引起岩石骨架和空隙中流体发生膨胀，阻碍了压实，这样岩石渗透率随着压力升高而降低的程度自然会减弱。

【考核评价】

考核标准见表 3-13。

表 3-13 储层岩石渗透性评价评分标准

序号	考核内容	评分要素	配分	评分标准	备注
1	样品准备、仪器准备	从干燥器取出适合夹持器直径的岩样，用游标卡尺量出岩样的长度和直径计算其横截面积 A，几何尺寸必须在进行测定之前量出。如果为了保持岩心端面干净，而需要将岩心的一部分切掉之后，应重新取其长度	10	未正确测量岩样尺寸各扣5分	
		先检查面板上各阀门与夹持器上的手轮是否关死	5	未正确关控制阀门扣5分	

续表

序号	考核内容	评分要素	配分	评分标准	备注
2	放入岩样	拧松岩心夹持器两边固定托架的手轮后,下降托架,卸出夹持器内的加压钢柱塞。将测量几何尺寸的岩样装进岩心夹持器的橡皮筒内,用加压钢柱塞将岩样向上顶,直到岩样两端被夹持器上端头与加压钢柱塞贴紧为止,拧紧手轮	10	未正确卸取钢柱塞扣5分;未正确放入岩样扣5分	
3	调压测流量	打开放空阀,关放空阀	5	未能正确操作放空阀扣5分	
		打开高压气瓶阀,将气瓶上的压力表调到1MPa,开岩心阀,使环压表显示到1MPa,关岩心阀	5	未能正确开关岩心阀扣5分	
		调节压力调节器,调至所需要的上流压力至0.2MPa左右	5	上流压力调整不正确扣5分	
		选择一流量计,在不同上流压力下读取流量,要求每块岩样应测4个点以上不同压差下的流量	15	读取记录流量值低于4点扣10分	
4	取出岩样	调节压力调节器,使上流压力降至零,开放空阀,使环压降至零,如果实训结束,将加压柱塞推进夹持器中,拧紧手轮,关闭所有阀门,测试完毕	10	上流压力未降零扣5分;阀门开关不正确各扣2分;岩样封闭不正确扣3分	
5	数据处理	正确记录原始数据	10	每错误一处扣1分,最高扣10分	
		验证Darcy定律,确定岩心绝对渗透率	20	未验证Darcy定律扣10分;不能正确确定绝对渗透率扣10分	
		清理现场,收拾工具	5	未清理现场扣3分	
6	考核时限	30min,到时停止操作考核			
		合计 100 分			

任务四　储层岩石饱和度评价

教学任务书见表3-14。

表3-14　教学任务书

情境名称	储层岩石性质测定		
任务名称	储层岩石饱和度评价		
任务描述	仪器、干馏岩样的准备;干馏油、干馏水;数据处理		
任务载体	模拟岩样;岩心油水饱和度测定仪		
学习目标	能力目标	知识目标	素质目标
	1. 能够正确地完成储层岩样的流体饱和度的测定操作 2. 能够正确地完成测定数据的处理	1. 掌握岩石样本的准备方法 2. 掌握岩石样本流体饱和度的测定方法与原理 3. 掌握流体饱和度测定数据的处理方法	1. 培养学生团队意识 2. 培养学生观察、思考、自主学习的能力 3. 培养学生爱岗敬业、严格遵守操作规程的职业道德素质

【任务实施】

一、测定步骤

① 检查仪表、电源及控温系统是否正常完好。

② 干馏准备：将待分析的岩样破碎称重 120g，装入干馏筒，插好集液管。

③ 干馏：初升温，干馏水。将馏杯分别插入干馏箱体中，盖好上盖，放入冷却水，打开仪器电源，首先将温度预调到 180℃，当集液管内出现水，开始记录，每隔 5min 记录一次，当观察连续三个记录数据不变，说明非结晶水已经出完。

继续升温，干馏油。将温度控制在 650℃，放掉冷却水，记录出油量，直到不出油为止，一般在达到 650℃后，再经过 30min 干馏油即出完。在出油过程中还会有水蒸出，此水视为矿物结晶水。

④ 干馏完毕，关闭电源，将集液管取下用热风吹一下，以分离管中油水并改善油水界面，待干馏箱冷却后，取出干馏杯进行清洗，以便下次做样。

⑤ 在测定油水体积过程中，测出的油水体积一定进行校正，校正方法参看常规岩心分析推荐的饱和度的测定（常压干馏法）。

二、特点

(1) 优点

① 可以同时测定大批岩心的流体饱和度。

② 干馏出的油、水体积可以直接测量。

③ 可消除称重中因水中盐分沉淀带来的误差。

④ 可消除操作中因砂粒脱落带来的误差。

⑤ 油的体积直接量出，不需要很多计算，因此减少因称重带来的误差。

⑥ 通过原油体积校正曲线对岩心中干馏出的石油体积加以校正后，其精确度在±5%以内，重复性为±2%；而水的体积的精确度为 2.5%。

(2) 缺点

① 为了获得精确结果，每个地层均需绘制水的校正曲线。

② 对含黏土矿物的岩心，由于难以正确地确定束缚水的干馏时间，所测出的含水饱和度的精确性较差。

③ 需要绘制原油体积校正曲线。

【必备知识】

在了解油藏中可以储液的空间——孔隙体积大小的同时，还应了解油、气、水在孔隙中各自占多大的空间，因为它直接关系到油、气、水在地层中储量的多少，为了描述其所占比例的大小，采用了饱和度这一参数，它关系到对油气藏规模、开采效益及经济价值等重要内容的评价。

一、储层流体饱和度的概念

流体饱和度：储层岩石孔隙体积中某种流体所占的体积百分数，即

$$S_i = \frac{V_i}{V_p} \times 100\% = \frac{V_i}{\varphi V_b} \times 100\% \tag{3-74}$$

式中 V_i——孔隙中流体 i 的体积（地下体积）；

V_p——岩石孔隙体积；

V_b——岩石体积。

各相流体饱和度间的关系：$\sum S_i = 100\%$ 或 $\sum S_i = 1$，$i = $ o（油）、w（水）、g（气）。

二、几个重要的流体饱和度

流体饱和度反映了储层孔隙中流体的丰度，流体饱和度将随油藏开发动态过程而变化。针对不同阶段，引入不同的饱和度概念。

1. 原始含油（气、水）饱和度

原始流体饱和度：油气藏处于原始状况下的流体饱和度。

原始含油饱和度 $\qquad S_{oi} = V_{oi}/V_p \qquad$ (3-75)

原始含水饱和度 $\qquad S_{wi} = V_{wi}/V_p \qquad$ (3-76)

原始含气饱和度 $\qquad S_{gi} = V_{gi}/V_p \qquad$ (3-77)

原始饱和度是储量计算及开发方案设计的重要参数。原始油、气饱和度不易准确测定，常用 S_{wi} 计算。

原始含水饱和度主要受孔隙结构和表面性质等因素影响。存在于油层中不能流动的水，即束缚水。由于地层最初是在水的环境中形成，孔隙中完全充满水。在原油运移、油藏形成过程中，由于毛细管作用和岩石颗粒表面的吸附作用，油不可能将水全部驱走而与水共存在油藏中，形成束缚水。束缚水常环绕于颗粒表面，且充填在细小的孔隙中，而油则占据大孔隙中心。

影响束缚水饱和度的因素主要有静态因素（储层、油气性质）和动态因素（成藏动力）两方面。储层孔隙结构越差、渗透率垂向非均质性越明显，束缚水饱和度越高；水湿储层、储层流体黏度越高或油藏形成动力较低，则束缚水饱和度高。

原始含油、气饱和度与影响 S_{wi} 的因素相同，只是影响的趋势刚好相反。

2. 目前含油（气、水）饱和度

目前含油（气、水）饱和度是指在油田开发的不同时期，不同阶段所测得的油、气、水饱和度，也称含油、含气、含水饱和度。

3. 残余油（气）饱和度

残余油：随着油田开发，油层能量衰竭，即使是经过注水，还会在地层孔隙中存在尚未驱尽的原油，这种油称为剩余油或残余油。通常情况下，分为水波及区的残余油（微观孔道中）和水未波及区的剩余油（宏观油区、油层）。

残余油饱和度 S_{or} 就是以某一开发方式开发油气田结束时，还残余（剩余）在孔隙中的油所占据的体积百分数。影响残余油饱和度的因素主要有静态因素（储层、油气性质）和动态因素（压差、开采水平）两方面。储层孔隙结构越好、水湿储层、储层流体黏度越低或油藏形成动力越高，则残余油饱和度越低。

三、流体饱和度的实验室测定

常规岩心分析中，从测定流体饱和度的定义出发，由式(3-74)可知，只要测得其中的两个值，就可求出孔隙度 S_i。

测定地层流体饱和度的方法主要有室内测定法和测井法。目前矿场上确定储层含油、气饱和度最直接和最常用的就是室内测定法。室内测定常用的方法有：常压干馏法、溶剂抽提法和气相色谱法。

1. 常压干馏法

原理：加热蒸发岩心中的流体后冷凝，直接测量流体体积，计算 S_o、S_w。干馏仪如图 3-18 所示。

该方法操作简单，但存在测定误差。一方面，V_o（>30%）测定误差，干馏过程中蒸发损失、结焦及裂解；另一方面，V_w 测定误差，温度上升过高易导致岩石结晶水被干馏出。其校正都有相关的油水体积校正曲线。

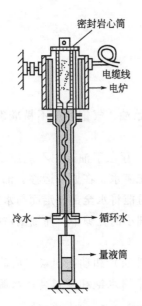

图 3-18 测定岩石油、水饱和度的干馏仪

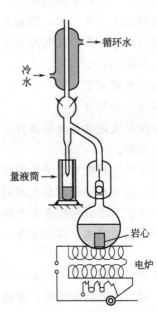

图 3-19 蒸馏法岩心油、水饱和度测定器

2. 溶剂抽提法

原理：通过水蒸发后冷凝测定岩心中含水量，用差减法间接计算含油体积及油、气饱和度。测定仪如图 3-19 所示。

步骤：抽提前岩样总重量称重为 w_1；将岩样置于有机溶剂中加热抽提，收集、测量岩样中蒸发出的水 V_w；干岩样称重为 w_2。由 V_w 计算 V_o：$V_o = (w_1 - w_2 - V_w \rho_w)/\rho_o$。

实验溶剂要求密度小于水，沸点比水高，溶解洗油能力强，如甲苯（相对密度为 0.867，沸点为 111℃）或酒精苯等。该方法简单，易操作。能精确测定岩样的含水量，求得的流体 S_i 准确度高，特别适于束缚水 S_{wi} 的测定。测定后，岩样清洗干净，可用作其他研究。

3. 气相色谱法

利用水、乙醇百分之百互溶的原理，将岩样中的水溶解于乙醇中，然后用色谱仪分析溶解有水的乙醇，从而测出岩样中的含水量，用差减法间接计算含油体积。

一般根据岩心所测出的含油饱和度都比实际地层的小，这是岩心取至地面，压力降低，岩心中流体收缩、溢流和被驱出所致。误差的大小与原油的黏度和溶解气油比有关，可从零变化到 70%～80%。因此，实际应用中，常根据实验室测得的数据，乘以原油的地层体积系数，再乘以校正系数 1.15，以校正由于流体的收缩、溢流和被驱出所引起的误差。

【考核评价】

考核标准见表 3-15。

表 3-15 储层岩石饱和度评价评分标准

序号	考核内容	评分要素	配分	评分标准	备注
1	仪器、干馏岩样准备	检查仪表、电源及控温系统是否正常完好。装样前应认真检查干馏杯,回液管是否畅通,不得有异物堵塞,否则会影响干馏分析,尤其在重复使用时一定要清洗	10	少检查一项扣2分	
		将待分析的岩样破碎称重 120g,装入干馏筒,插好集液管	10	不能正确装入岩样扣5分;不能正确连接集液管扣5分	
2	干馏水干馏油	初升温,干馏水。将馏杯分别插入干馏箱体中,盖好上盖,放入冷却水,打开仪器电源,首先将温度预调到180℃,当集液管内出现水,开始记录,每隔5min记录一次,当观察连续三个记录数据不变,说明非结晶水已经出完	20	未按标准升温扣5分;不能正确记录数据扣5分;不能判断非结晶水是否出完扣5分	
		继续升温,干馏油。将温度控制在650℃,放掉冷却水,记录出油量,直到不出油为止,一般在达到 650℃后,再经过30min干馏油即出完。在出油过程中还会有水蒸出,此水视为矿物结晶水	20	未按标准升温扣5分;不能正确记录数据扣5分;不能判断出油是否结束扣5分;不能判断出油过程中出水类型扣5分	
3	数据记录和处理、清理场地	原始数据记录及处理	20	不能正确选择处理公式扣5分;不能正确代入并计算扣10分;未对计算结果进行校正扣5分	
		干馏完毕,关闭电源,将集液管取下用热风吹一下,以分离管中油水并改善油水界面,待干馏箱冷却后,取出干馏杯进行清洗,以便下次做样	10	未收拾工具扣2分;未清理现场扣3分;少收一件工具扣1分	
4	数据处理结果应用	确定油气藏储量	10	不能正确列出计算方程扣5分;能按已有数据正确代入扣3分;计算结果不正确扣2分	
5	考核时限	30min,到时停止操作考核			
		合计 100 分			

学习情境四
储层岩石中储层流体渗流特性评价

【情境描述】

小李需为油田开发方案的指定与调整提供依据,储层与流体的相互作用会对开发过程产生哪些影响?开发过程中,储层中的渗流现象有哪些特点?

任务一　储层岩石的润湿性评价

教学任务书见表 4-1。

表 4-1　教学任务书

情境名称	储层岩石中储层流体渗流特性评价		
任务名称	储层岩石的润湿性评价		
任务描述	岩样达成残余状态;吸油排水达成束缚状态;吸水排油达成残余状态;数据处理		
任务载体	模拟岩样;自动吸入法测润湿性装置;润湿角测定仪		
学习目标	能力目标	知识目标	素质目标
	1.能够正确地完成储层岩样的润湿性的测定操作 2.能够正确地完成测定数据的处理	1.掌握岩石样本的准备方法 2.掌握岩石样本润湿性的测定方法与原理 3.掌握润湿性测定数据的处理方法	1.培养学生团队意识 2.培养学生观察、思考、自主学习的能力 3.培养学生爱岗敬业、严格遵守操作规程的职业道德素质

【任务实施】

一、吸入法(Amott)测定岩石润湿性

1.任务准备

(1)原理

该方法通过测定润湿相在毛管力的作用下自发吸入的速度及非润湿相被驱替出的量来确定油藏岩样的润湿性。吸入实验通常在室温下进行,也可在油藏温度下进行。

(2)仪器

仪器装置如图 4-1 所示。

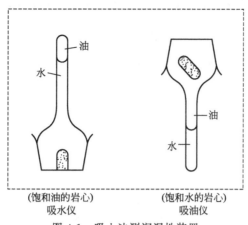

图 4-1　吸入法测润湿性装置

2. 测定步骤

① 用与取心液类似的液体做钻取液钻取油层岩样，例如水基泥浆用盐水做钻取液，油基泥浆用无活性物质的煤油做钻取液。

② 把岩心放入盛有盐水的容器内抽空，除去岩心中的大部分空气。

③ 把抽空后的岩心放入岩心夹持器内，以水驱替岩样中的气和油，使其达到残余状态。

④ 从夹持器中取出岩样放在装满油的吸入室内，使之自发吸油排水。

⑤ 定时计量排出的水量，该水量即等于吸入的油量。实验要进行到排出水量不再增加，记下排出的总水量 V_{wd}，此时油的吸入已达平衡。这一步骤一般需要若干天才能结束。

⑥ 把岩样放在岩心夹持器内进行油驱水，使岩样内的水达到束缚状态。记录驱出的总水量 V_{wt}。

⑦ 从夹持器中取出岩样放入存有水的吸入器中，定时记录排出的油量，直到排出的油量不变，吸水达到平衡为止。记录累计排出的油量 V_{od}。

⑧ 再把岩心装入夹持器进行水驱油，直到残余油状态，记录排出的油量 V_{ot}。

3. 数据处理

Amott 建立了以润湿指数定量确定岩样润湿性的方法，他把润湿指数定义为

$$油润湿指数 = V_{wd}/(V_{wd}+V_{wt})$$
$$水润湿指数 = V_{od}/(V_{od}+V_{ot})$$

当水润湿指数为 1 时，表明岩样具有强水湿性；为 0 时，则表示对于水岩样是非润湿相。

当油润湿指数为 1 时，表明岩样具有强油湿性；为 0 时，则表示油对于岩样是非润湿相。

当这些数值落在两个极值之间时，其值的相对大小表明亲水或亲油程度的大小。

在油层条件下进行吸入实验是一个很复杂的过程，困难比较多，需要用含气原油冲刷岩心以建立束缚水饱和度，而且实验要在油层温度和压力下进行，因而一般情况下多用常温常压的实验方法。

二、量角法测定岩石润湿性

1. 任务准备

(1) 测定原理

流体 1 和 2（如水和油）对固体 3（如岩石）表面的润湿情况与三相界面的表面张力的

相互作用有关，当达到静平衡时，三相界面张力作用结果可以用接触角表示 [图 4-2(a)]。

$$\cos\theta = \frac{\sigma_{2,3} - \sigma_{1,3}}{\sigma_{1,2}}$$

接触角的测定就是在处于某一种液体（或气体）介质中的岩石磨片上，滴入另一滴液滴，然后透过光线，经过一组透镜将其润湿角投影到屏幕上，并拍摄成照片，量接触角的大小。

(2) 仪器设备

润湿角测定仪原理如图 4-2(b) 所示。

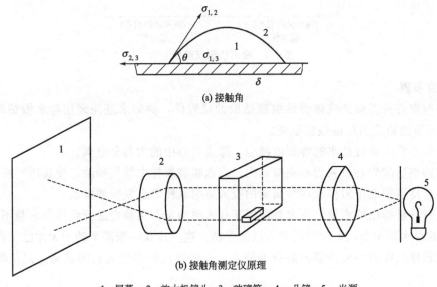

(a) 接触角

(b) 接触角测定仪原理

1—屏幕；2—放大机镜头；3—玻璃箱；4—凸镜；5—光源

图 4-2 接触角测定

2. 操作步骤

① 在玻璃箱中盛入一种液体，将岩石磨片放入其中，固体表面应严格保持水平，然后用滴管将要测的另一种液体滴在固体表面上（液滴不可太大）。

② 打开光源。

③ 调节聚光镜和凸透镜，使液滴影像清晰，放大后投射到屏幕上。

④ 此时将光源关上，准备好照相纸。

⑤ 打开光源，使照相纸感光。

⑥ 取下相纸，放入显影液中，待显像清楚后，再放入定影液中定影 15min，取出晾干。

测定过程中应注意滴入液滴之大小应控制在 1～2mm 之间，否则因自重影响而不成球形。

3. 数据处理

用量角器测出接触角 θ，再用细刻度尺量出液滴高 h 和固体表面接触的弦长 d，记录在表 4-2 中。

表 4-2　接触角实验记录表

液体性质		润湿方式	固体性质	感光时间	h/mm	d/mm	接触角	
箱内	液滴						计算值	量角器测出值

当液滴为球形时，可以根据量出的 h 和 d，按下面公式计算润湿角的大小

$$\text{tg}\frac{\theta}{2}=\frac{2h}{d}$$

将计算出来的 θ 与量测的 θ 进行对比，确定误差的大小。

4. 注意事项

① 实物幻灯应有滤热器，以免液滴蒸发；显微镜观察亦应注意温度的影响。
② 固体表面应足够光滑，否则由于润湿滞后所导致的 θ 角平衡时间过长。
③ 液滴大小不能过大，以防自重造成误差。
④ 读值需待 θ 角平衡后再取（测量前进角和后退角除外），以免导致严重误差。

5. 优缺点

优点：测量直观可靠。
缺点：测量时间过长。

【必备知识】

一、储层流体的相间界面张力及其测定

1. 界面张力的基本概念及影响因素

只要两相接触，就有界面出现。在习惯上，人们经常把"表面"和"界面"混用。严格来讲，只有当接触的两相中有一相是气相时，才能把与气相接触的界面称为表面。如固-气、液-气接触的界面叫作固体和液体的表面；对固-液、液-液相接触的界面仍应叫界面。那么处于界面层的分子与处于相内的分子有什么不同呢？为便于讨论，首先从水的表面层谈起。如图 4-3 所示，水相（液体）内分子层的每一个分子（如分子 b），由于它们同时受到周围同类分子力的作用，所以其分子力场处于相对平衡状态，即周围分子力的合力为零。而水表面层的分子（如分子 a），由于它们一方面受到液体（水）层内分子力的作用，同时另一方面又受到空气（气相）分子的作用，由于水的分子力远远大于空气的分子力，所以表面层分子就会自发向下沉入水中，表面层分子受到周围分子力的作用，合力不再为零，力场也不再平衡。表层分子比液相内分子储存有多余的"自由能"，这就是两相界面层的自由表面能。若

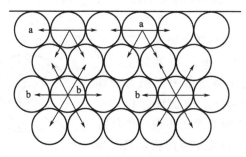

液体的表面层

图 4-3　分子受力示意图

想将相内的水分子举升到水表面上，必须付出能量做功，这种能量将转化为自由表面能。可以看出，只有当存在两相界面时，才有分子力场的不平衡，也才有自由表面能的存在。

以上是从水和空气为界面开始讨论的，如果将水和空气两相换成任意两相，不论是气-液、液-液，还是气-固、液-固，只要存在有界面，就必然存在有上述的自由表面能，其原理是相同。完全互溶的两相，例如酒和水，煤油和汽油，由于其不产生界面，所以，体系就不存在自由表面能。

既然自由表面能是界面分子所具有的，那么界面面积越大，其自由表面能亦越大。根据热力学第二定律，任何自由能都有趋于最小的趋势，所以，当一滴水银掉在桌面上是成球形而不是其他形状，是等体积球形表面积最小，表面能也最小的缘故。

由于体系表面层上分力的不对称作用，使得其能量比相内分子能量高，故增加体系的新表面积，就相当于把更多的分子从相内移到表层来，必须克服相内分子的吸引力而做功，这种做功的能量就转化为新生界面的自由表面能。例如图 4-4，它是用金属丝制成的框架，中间是肥皂膜，框架右端的金属丝是可移动的，若要增大肥皂膜的表面，必须对可移动的金属丝施加力才行，因此表面自由能的概念也暗示了形成新表面时需要做的功，即将分子自相内移至表面需要做的功。

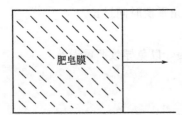

图 4-4　必须做功才能增大肥皂表面

假设在恒温、恒压和组成一定的条件下，以可逆过程使体系增加新表面面积 ΔA，外界所做的表面功为 W，则体系自由能的增加量 ΔU 为

$$\Delta U = -W \tag{4-1}$$

增加单位新表面所做的功为

$$\frac{\Delta U}{\Delta A} = \frac{-W}{\Delta A} = \sigma \tag{4-2}$$

如写成微分形式，则

$$dU = \sigma dA \tag{4-3}$$

或

$$\sigma = \left(\frac{\partial U}{\partial A}\right)_{T,p,n} \tag{4-4}$$

式中　U——体系的自由能；

T, p, n——分别表示体系的温度、压力和组成；

σ——比表面自由能，即体系单位表面积的自由能，亦可以认为是作用于单位长度上的力，即习惯所称的"表面张力"，单位为 N/m。

这里需要说明的是：对两相界面来说，表面张力只是自由表面能的一种表示方法，两相界面上并非真正存在着什么"张力"。实际上，只有在三相周界上，表面能才呈现出表面张力的作用，或者说只有在三相周界上，表面能才以"张力"的形式表现出来。人们所熟悉的不规则的纤维丝环（图 4-5），上面放上少许肥皂液薄膜，只有当刺破中心后，出现纤维丝、肥皂液、空气三相时，由于三相中各相间界面以张力形式表现出来，其作

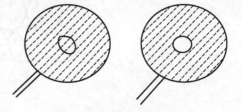

图 4-5　不规则的丝环在表面张力作用下形成圆环

用结果才使纤维丝环变成了规则的圆形丝环。

表 4-3 给出了某些常见物质与空气接触时的表面张力和与水接触时的界面张力。

表 4-3　某些物质与空气、水的界面张力值

物　　质	与空气接触时的表面张力(20℃) /(mN/m)	与水接触时的界面张力 /(mN/m)
水银	484.0	375
苯	72.8	—
变压器油	28.6	33.4
	39.1	45.1
杜依玛兹石油	27.2	30.3

由表看出，某些物质（如水银）与空气接触时的表面张力大于与水接触的界面张力。这是因为两相接触时，其界面层自由表面能的大小直接和两相分子的性质有关；两相间分子的极性差越大，相间分子的力场不平衡越严重，表面能也就越大。水是液体中极性最大的物质，而空气极性很小，所以水与空气接触时的界面张力最大，而与其他物质（如油）接触时比空气要小。原油与有机溶剂（如苯）都是有机物，它们间的极性差很小，所以其界面张力很小，以至界面可消失而达到互溶。这就是极性物质与极性物质、非极性物与非极性物之间彼此更容易吸引，处于界面上的分子间差异更小，因而界面张力也更小的缘故。

此外，两相间的界面张力还和物质的相态有关，用界面分子间力场不平衡的大小反映了界面张力大小的道理，也可同样用来解释一般情况下为什么液-气间的界面张力一般都比液-液相间的界面张力更大。通常，凡提到某物质的表面张力时，都应具体说明其两相的确切物质是什么，若未加说明，一般就公认为其中一相是空气。例如，通常说水的表面张力为72.8mN/m，就是指水与空气而言的。

除物质本身的性质及相态影响界面张力的大小外，物质所处环境的温度和压力的变化也将影响表面张力，这是因为温度和压力直接影响到分子间的距离，也就影响分子间的吸引力。对于纯液体（无气），温度升高时，一方面增大了液体本身分子间的距离，减少了分子间的引力，另一方面增加了液体的蒸发，使液体与蒸汽间分子的力场差异变小，从而降低了表面张力。升高压力将增加气体在液体中的溶解度，液体的密度因而减少，而气体受压密度增加，两相的密度差减少，从而导致了两相分子间的差异变小，分子力场不平衡减弱，结果表现为表面张力降低。所以对纯液体，升高温度和压力将使表面张力降低。

2. 油藏流体间的界面张力

虽然油气层中，除各流体间如油-水、气-水、油-气的界面之外，还存在着流体与岩石各个界面上的界面张力，但因为固体表面张力很难测定，这里只讨论油层中流体的界面张力。油层中流体的界面张力直接影响到油层中流体在岩石表面上的分布、孔隙中毛管力的大小和方向，因而也直接影响着流体的渗流，有关界面张力的研究对油气的开采、提高原油采收率都有极其重要的意义。

由于油层中流体组成的复杂性及流体所处的温度、压力条件不同，油层中流体界面张力的变化要比纯液体复杂得多，不同油气层的界面张力差别很大。但利用上述有关界面张力的基本概念，可解释油藏流体界面张力的大小及变化规律。

先讨论石油-天然气界面上表面张力的变化情况。油藏中的原油通常都含有一定数量的溶解气,此时油中溶解气量的大小对界面张力起着十分重要的作用。图4-6可作为溶解气的性质对油-气表面张力的影响的一个例子。由于空气中80%是氮气,而氮气在油中的溶解度极低,因此,尽管压力增加到很高的数值,其表面张力减小量仍然不大。天然气中最多的是甲烷,尽管甲烷的饱和蒸气压比其他的烷烃大,但比氮气却要小得多,比氮气更易溶于油中。天然气中还含有乙烷、丙烷、丁烷等,这些烷烃的饱和蒸气压比甲烷还要小得多,它们就更容易溶解于油中。这样不难看出,由于天然气比氮易溶于油中,所以随着压力的增加,油-天然气的表面张力降低较多。

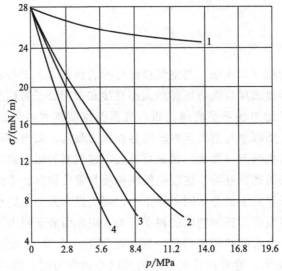

图4-6 原油-气表面张力和溶解度关系
1—与空气;2—与天然气;3—与CO_2;4—汽油与CO_2

由上述可知,天然气中含重烃气越多,即天然气越湿,其溶解气量则越大,当压力增加时,表面张力减小得也越厉害。因此,由于地层油处于高温、高压下,并溶有大量的天然气,其表面张力将比地面油的表面张力要小得多。在油藏内部,气顶附近原油的表面张力也小于远离气顶的原油的表面张力。

至于CO_2,因其饱和蒸气压很小,在油中的溶解度则比天然气更大,它和原油的表面张力随着压力的增加减小的程度也更大。汽油和CO_2界面上的表面张力之所以更低,是因为汽油是由轻质烃类组成,更易溶解二氧化碳。

综上所述,随着气相饱和蒸气压减小、溶解度增大、石油相对密度减小、天然气湿度增大、压力和温度增加等,油-气表面张力减小越多。

关于原油-地层水间的界面张力,目前多是在取得地下油、水样后,在地面模拟地下温度等条件并测定,但至今对准确测定在油层条件下的油水界面张力的方法还需进一步完善。苏联学者卡佳霍夫曾经对油-水界面张力做过比较详细的论述,并认为:

① 对于无溶解气的纯油-水体系,温度和压力的改变对油水间的界面张力基本上无影响。这可理解为温度增加,使油、水同时膨胀;而增大压力,又使油、水同时受压缩,而油、水各自的分子热力学性质变化基本一致,使得油、水间的分子力场仍可能保持不变,从而表面张力仍可保持不变。但也有研究者认为,随着温度的升高,油-水界面张力会有明显

的降低，而压力对界面张力的影响较小。

② 对更符合实际的地层情况，即有溶解气存在时，油-水中溶解气量的多少，对油-水两相间的界面张力起着决定性的作用。

在有溶解气的条件下，油-水界面张力随压力变化的关系如图 4-7 所示，曲线 1、2、3 代表相对密度和溶解气量不同的三种原油的情况。由图可见，当压力小于饱和压力时，随着压力的增高，界面张力则增大，这是由于气体在油中的溶解度大而在水中的溶解度小，造成油-水间分子力场（或极性）差异更大而引起的；当压力大于饱和压力时，增加压力，界面张力稍有减小但不很显著，因为在高于饱和压力后，气体已全部溶于油水中，增加压力仅仅是对流体增加了压缩作用。

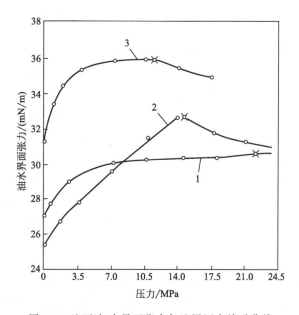

图 4-7　地下油-水界面张力与地层压力关系曲线

在有溶解气的情况下，温度升高、界面张力降低，这是由温度增加、分子运动加剧、油-水接触面上分子力场差异减小所致。

此外，原油的组成不同（如油中轻烃的多少，原油的密度、黏度不同），油、水间的分子力场不同，界面张力也不同。原油中轻烃含量高、密度低、黏度小，油-水界面张力也小。

必须提及的是：油水中所含的活性物质及无机盐，会直接影响到油水间的界面张力，这部分内容将在后面涉及有关表面吸附问题时再作讨论。

二、界面吸附现象

正如前述，由于物质两相界面上分子力的不平衡、不对称性，存在一种过剩的表面自由能。根据热力学第二定律，物质总是有减小其任何自由能的趋势。这种减少的趋势表现在很多方面；可以表现为减少表面积（如水银在桌面上成球形）；也可通过吸附与其相邻的物质分子，减少其本身的表面自由能；另外也可通过润湿作用来降低体系的自由能。但在这里只讨论有关吸附问题。

发生于物质表面或两相界面的吸附现象，随着界面面积的增加，吸附作用将随之加大。对于高度分散、比面很大的储层岩石而言，储层中所发生的吸附现象不应忽视。

那么，吸附遵循什么规则？在油气层中有哪些吸附现象？能否利用这些吸附现象呢？

吸附过程既可能发生在静态条件下，也可能发生在动态条件下。根据吸附分子与固体表面原子结合力的性质，吸附作用可划分为：物理吸附和化学吸附两类。

在物理吸附中，吸附质分子保存其个性，并在吸附剂的表面保持范德华力。吸附质分子落到吸附剂表面，并在其上保持一定时间的力场，然后解吸。开始吸附速度大大超过解吸速度，但这个差别逐渐减小，直至两个速度均衡，即进入吸附平衡。最终吸附质分子在吸附剂表面形成吸附层（界面层）。在化学吸附过程中，吸附质分子与吸附剂形成表面化学化合物，并且是通过共价力实现键合的。在实际情况下，多发生混合吸附。

液体表面的吸附问题与液体内所含物质关系极为密切。此时怎样吸附，怎样降低界面能呢？下面以在纯水（无离子）中加入少量活性剂（如肥皂）为例，来看看在水与空气的界面上会产生什么现象。

纯水中加入少许活性剂后，可发现活性剂水的表面张力比纯水时降低了。表面张力对外来物（活性剂）的存在极其敏感。尽管外来物质很少，它却使表面张力降低很多。怎样来解释这种表面能降低的现象呢？首先得从外来物的性质讨论起。

从活性剂性质来看，从化学结构上讲，它是高级脂肪酸的一些盐类，例如钠肥皂，其化学通式为 $C_nH_{2n-1}COONa$，比如 $C_{12}H_{23}COONa$。常用的几种活性剂结构表示如图 4-8 所示。从其结构可以看出，它们的一端是由碳、氢所组成的基团，具有对称的非极性结构，通常称为碳氢链（如 $C_{12}H_{23}$），另一端是具有非对称的极性基团（如 COONa）。由此可以看出活性剂分子是具有两性的分子，亦即一端是极性，另一端是非极性。通常，把具有上述两性结构的分子，以小蝌蚪符号"——○"或"— — —o"表示。长的一端代表非极性的碳氢链，圆的一端代表极性基团。

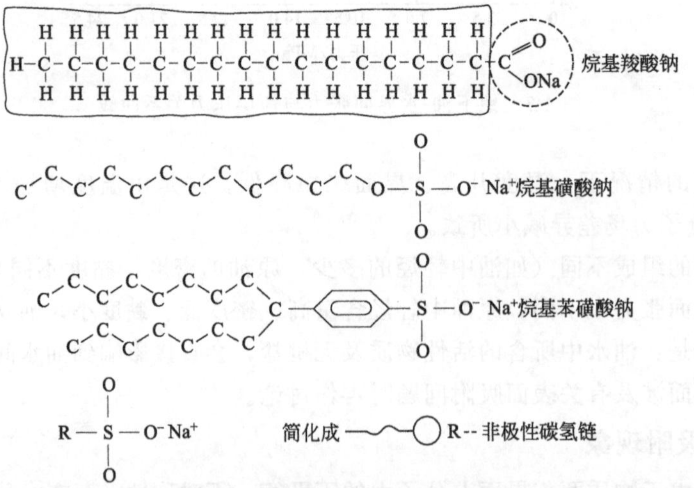

图 4-8 几种常见的活性剂结构

凡是由具有上述结构的分子所组成的物质，放到液体中都能降低界面张力。活性剂放入纯水中，活性剂分子就将自发地集聚在两相界面层上（图 4-9）。这是因为纯水的表面张力很大，即水和空气的界面存在有较大的自由能。换句话讲，水和空气，二者一为极性，一为非极性。因此，它们的极性差很大。而在水中的活性剂分子，其极性端与水（极性）作用，其非极性端则与空气（非极性）作用，于是界面上的极性差减小了。可见，只有活性剂集中到界面上去,才能达到极性差减小的目的。极性差的减小,也就是自由表面能的减小,即表面张力的减小。根据热力学第二定律,这种活性剂分子向界面层集中的过程是自发的过程。

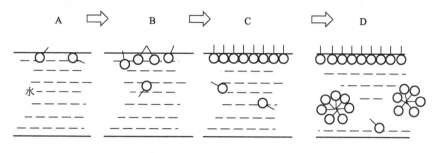

图 4-9 两相界面层吸附物质浓度的变化

溶解在具有两相界面系统中的物质,自发地集聚到两相界面层上,并减低该界面层的界面张力,这种现象就称为"吸附"。被吸附在两相界面层上、并能大大减低表面张力的这种物质,叫作表面活性物质或表面活性剂。界面层单位面积上比相内多余的吸附量叫比吸附,记为 G。

在注水的情况下,岩石孔隙内表面有油、水共存,究竟是水附着到岩石表面把油揭起,还是水只能把孔隙中部的油挤出,这要由岩石的润湿性而定。

岩石润湿性是岩石-流体综合特性。一般认为润湿性、毛管压力特性属于岩石一流体静态特性,而相对渗透率则属于岩石-流体动态特性。但无论是静态、还是动态特性,均与流体(油、水)在岩石孔道内的微观分布和原始分布状态有关。

润湿性是研究外来工作液注入(或渗入)油层的基础,是岩石-流体间相互作用的重要特性。了解岩石的润湿性也是对储层最基本的认识之一,它至少是和岩石孔隙性、渗透性、饱和度、孔隙结构等同样重要的储层基本特性参数。特别是油田注水时,研究岩石的润湿性,对判断注入水是否能很好地润湿岩石表面,分析水驱油过程水洗油能力,选择提高采收率方法以及进行油藏动态模拟实验等方面都有十分重要的意义。

三、有关润湿的基本概念

润湿是我们日常生活中经常接触到的表面现象。例如,一滴水滴在玻璃上很快铺开,我们认为水对玻璃表面润湿好。但一滴水银滴在玻璃上不能铺开,就认为水银对玻璃表面湿润不好,这些现象都是润湿现象。所谓润湿性,就广泛的意义上讲是指:当存在两种非混相流体时,其中某一相流体沿固体表面延展或附着的倾向性。

1. 润湿产生的原因

如将一小块岩石放入水银中,可以发现水银并不在岩块表面上铺开。相反将岩块放入水中,岩石表面就被水所润湿,此时,岩石表面与水接触,设它们的界面张力为 σ_{fw}。在岩块投入水前,岩块处于空气中,设其表面张力为 σ_{gs}。投入水的前后,岩块表面积 A 没有发生改变,但表面能变化了,设表面能的改变为 ΔU,则

$$\Delta U = \sigma_{ws} \times A - \sigma_{gs} \times A = (\sigma_{ws} - \sigma_{gs})A \tag{4-5}$$

通常 $\sigma_{gs} > \sigma_{ws}$,所以表面能的改变 $\Delta U < 0$,说明表面能降低。表面能降低,是润湿现象发生的根本原因。正如前述,表面能趋于减小,这是一切表面现象所遵循的规律。因此,物理化学中,常将润湿定义为固体与液体接触时引起表面能下降的过程。同理可解释为什么水

银不润湿岩石的原因：σ_{Hgs} 大于 σ_{gs}，使 ΔU 为正值。

2. 润湿程度的衡量标准接触角（也称润湿角）

假如表面有一液滴，则接触角是过气-液-固三相交点对液滴表面所做切线与液固界面所夹的角。接触角通常用符号 θ 表示，并规定从密度大的流体一侧算起。图 4-10 是水和水银对玻璃表面的接触角。油水对岩石表面的接触角如图 4-11 所示。

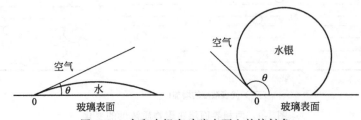

图 4-10 水和水银在玻璃表面上的接触角

图 4-11 油水对岩石表面的接触角

按接触角定义，有如下分类

$\theta=0°$，亲水性极强或强水湿；

$\theta<90°$，亲水性好或水湿；

$\theta>90°$，亲油性好或油湿；

$\theta=180°$，亲油性极强或强油湿。

3. 润湿反转现象

液体对固体的润湿能力有时会因为第三种物质的加入而发生改变。例如，一个亲水性的固体表面由于表面活性物质的吸附，可以改变成一个亲油性表面。或者一个亲油性的表面由于表面活性物质的吸附变成一个亲水性的表面。固体表面的亲水性和亲油性都可在一定条件下发生相互转化。我们把固体表面的亲水性和亲油性的相互转化叫作润湿反转。

油层中的砂岩（主要是硅酸盐）是亲水性固体。因此，在砂岩表面上的油较容易被洗下来，但砂岩表面常常由于表面活性物质的吸附而改变性质，即发生了润湿反转。现在储油层中相当一部分的砂岩表面是亲油表面，油在这样的砂岩表面上是不易被水洗下来的，这是原油采收率不高的一个原因。目前有些提高采收率的方法是根据润湿反转的原理提出来的。例如，向油层注入活性水，使注入水中的表面活性剂按极性相近规则吸附第二层，抵消了原来表面活性物质的作用，从而使砂岩表面由亲油表面再次反转为亲水表面。这样，油就容易为水洗下，使采收率得以提高。

四、储层岩石的润湿性及其影响因素

在研究润湿性的初期，根据油藏岩石都是在水的环境中沉积成岩，而且组成岩石的各种矿物也多是亲水的，因而认为油藏岩石颗粒表面亲水。后来，在对地层流体，特别是对原油组分进行分析后，人们认识到，储油层岩石虽然是在水的环境中形成，但在油藏形成后，岩

石表面长时间和油接触，原油中的活性物质会吸附在岩石表面上，就有可能使岩石表面由亲水转化为亲油。

随着对油层润湿性更为广泛的研究，越来越多的研究表明：很多储层岩石具有非均质润湿性，不同表面的选择性不同。当系统具有非均质润湿时，表现为部分岩石表面为水湿，其余部分为油湿，即部分润湿或混合润湿。

部分润湿也称斑状（斑点，斑块）润湿（图 4-12），是指油湿或水湿表面无特定位置。就单个孔隙而言，一部分表面为强水湿，其余部分则可能为强油湿，且油湿表面也并不一定连续。混合润湿则是指不同大小的孔道其润湿性不同，小孔隙保持水湿不含油，而大孔隙砂粒表面由于和原油接触变为油湿，此时油可连续形成渠道流动（图 4-13）。

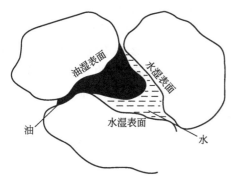
图 4-12　斑状润湿示意图

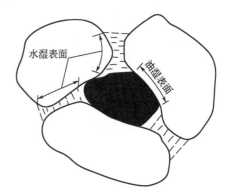
图 4-13　混合润湿示意图

为什么在宏观上同一油藏不同层段，或同一层段在横向上润湿性有变化？在微观上，颗粒与颗粒之间、孔道与孔道不同部位之间也都表现出如此的非均质性？这是由影响岩石润湿性的各种因素所造成的。目前比较一致地认为影响岩石润湿性的因素有以下几种。

1. 岩石的矿物组成

油藏岩石主要为砂岩和碳酸盐岩。后者的组成相对来说比较简单，主要为方解石和白云岩，而砂岩则是由不同性质和晶体构成的硅酸盐矿物，如长石、石英、云母及黏土矿物和硫酸盐等。由于构成砂岩矿物组成的多样性，使砂岩的润湿性较碳酸盐更为复杂。

根据水滴在固体表面上接触角的大小，一般将固体分为两类：一类为石英、硅酸盐、玻璃、碳酸盐、硅铝酸盐，水滴在这些矿物表面上的润湿接触角 $\theta<90°$，这类岩石称为亲水岩石；另一类如烃类有机固体和矿物中的金属硫化物等，水滴在它们表面上的润湿接触角 $\theta>90°$，称为憎水岩石。储油岩石的矿物成分不是单一的，虽然多数表面为亲水，但亲水程度不同。最亲水的是由水云母组成的黏土，其余按亲水次序强弱排列是：石英、石灰岩、白云岩、长石。

黏土矿物对岩石的润湿性有较大的影响，有的黏土矿物，特别是蒙脱石，是吸水的。泥质胶结物的存在会增加岩石的亲水性。有些黏土矿物含有铁，如鲕状绿泥石黏土，铁具有从原油中吸附表面活性物质的能力，当其覆盖在岩石颗粒表面时，可以局部改变岩石表面为亲油的。由此看出，不同的矿物成分具有不同的润湿性，而储油岩石沉积来源广，矿物本身又十分复杂，因而在宏观和微观上都会导致岩石之间润湿性存在着显著的差异。

2. 油藏流体组成的影响

研究流体组成对润湿性的影响包括三个方面：原油中主要成分即不同烃类（非极性）的

影响；原油中所含极性物（各种 O_2、S、N_2 的化合物）的影响；原油中活性物质的影响。

就原油中非极性部分的烃类系统而言，不同的烃类，含碳原子数不同、表现出的非极性不同。从戊烷、己烷、辛烷和十二烷分别在聚四氟乙烯光滑表面上的接触角关系（表 4-4）可以看出：随碳原子数增加，接触角增大。

表 4-4　不同烃类组分在聚四氟乙烯光面上的接触角

烃　　类	戊烷 (C_5H_{12})	己烷 (C_6H_{14})	辛烷 (C_8H_{18})	十二烷 ($C_{12}H_{26}$)
接触角	0°	8°	26°	42°

实际原油中，除含有烃类非极性物外，还在不同程度上含有极性物质。石油中的极性物对各种矿物表面的润湿性都有影响，但影响的程度各不相同，有的能够完全改变岩石的润湿性，使润湿性发生转化，有的影响程度比较轻微，这取决于极性物质的性质。图 4-14 为同样的石英表面，油中的组成不同时，润湿接触角的改变情况，其接触角可以大于 90°，也可小于 90°。即同一表面，油的性质不同，使其润湿性既可表现为亲水，也可表现为亲油。石油中的沥青质就是一种极性物质，它很容易吸附在岩石表面上使表面成为油湿，而且沥青的吸附是很强烈的，以致用常规的岩石清洗法都无法将其去掉。

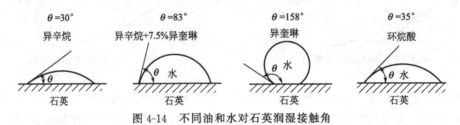

图 4-14　不同油和水对石英润湿接触角

3. 表面活性物质的影响

表面活性物质对岩石润湿性的影响较上述极性物的影响更为显著。一定量的活性剂在庞大的岩石表面上吸附，会使润湿发生反转。目前，在水驱油中添加表面活性剂以降低油-水的界面张力和改变岩石的润湿性是一种有效的提高洗油能力的方法。地层水中的表面活性物质吸附于岩石表面上，但吸附的数量随水中溶解的电解质的增加而减少。此外，水中存在某些金属离子也会改变岩石的润湿性，在测定润湿接触角时，如水中加入 10mg/L 铜离子，将会使某些原油的润湿性发生变化，由亲水转为亲油。

综上所述，岩石的润湿性是岩石骨架本身矿物的组成与地层中流体组成相互作用的结果。润湿性不是岩石骨架的性质，而是岩石-流体的综合特性。

4. 矿物表面粗糙度的影响

采用接触角法测定岩石润湿性的实验都要求岩石矿物表面必须光滑、平整。这是因为在杨氏方程的推导中曾假设固体表面光滑，表面能（表面张力）各处相同。但在实际油层中，岩石表面粗糙不平，各处的表面能也不均匀。因此岩石的润湿性在各部位也有所差异，表现出斑点状润湿。尤其是矿物颗粒的尖锐凸出部分及棱角，对润湿性有着特别的影响。很多实验表明，尖棱对润湿边界来说，常常是难以克服的障碍，当润湿边界到达棱角时，就在棱角处受阻，此时，在棱角与三相润湿边界接触处的接触角应加上所谓的形角 τ 的影响（图 4-15）。形角 τ 越大，则棱角对三相润湿边界沿着固体表面移动的阻力就越大。此时所测得的润湿角就不能反映真实情况。

有关孔隙结构、温度、压力对润湿性影响的研究还不多,有些研究表明,温度和压力对油层润湿性影响不大。

五、润湿滞后现象

润湿滞后是在驱油过程中出现的一种润湿现象,它会直接影响不同驱替过程中所测得的毛管力曲线和相对渗透率曲线的形状和位置。

如图 4-16 所示,将原来水平的固体表面倾斜一个角度,可以发现:油-水-固三相边界(A、B)不能立即向前移动,而仅是油-水两相界面发生变形,从而使原始的接触角 θ 发生变化。这时,在 A 点上方,水占据了油原来的部分空间而形成前进接触角 θ_1,$\theta_1 > \theta$;在 B 点上方,油驱水而形成后退角 θ_2,$\theta_2 < \theta$。

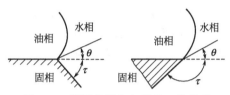

图 4-15 润湿接触角与形角 τ 的关系

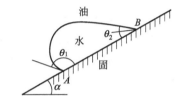

图 4-16 润湿滞后的前进角 θ_1 和后退角 θ_2

所谓润湿滞后,即三相润湿边界沿固体表面移动迟缓而产生润湿接触角改变的现象。根据不同情况所引起的润湿滞后现象不同,常将润湿滞后分为静滞后和动滞后两类。

1. 静滞后

所谓静滞后是指油、水与固体表面接触的先后次序不同时所产生的滞后现象。例如,把水滴放到事先沉浸在石油中的矿物表面上所测得的润湿接触角 θ_w 总是大于把油滴放到事先沉浸于水中的矿物表面上所测得的接触角 θ(按规定,接触角均在极性较强的一侧量得)。

这种随润湿先后次序不同而接触角改变的现象,称为静滞后或接触角滞后。用前进角 θ_1 和后退角 θ_2 的差值 $\Delta\theta(\theta_1 - \theta_2)$ 来表示接触角滞后现象的严重程度($\Delta\theta$ 有时可大于 60°)。当测定两相流体对岩石的选择性润湿接触角时,应注意这种静止滞后现象,需要测得其平衡后的 θ 角。

实验研究表明,导致接触角滞后的原因有三种:表面粗糙度;表面非均质性;表面宏观分子垢的不可流动(如表面活性物质在固体表面上的吸附层)。

通常,随着岩石颗粒骨架表面粗糙程度和非均质性的增加,三相润湿边界移动更加困难,润湿滞后现象也就更为显著。

石油中所含表面活性物质在岩石表面上所形成的吸附层将使滞后现象大大增强。并且在吸附层完全饱和时,滞后现象表现得最强烈。这是因为,和岩石固体表面相接触的石油和水,当其沿固体表面移动时,越靠近固体表面者就越难移动。如岩石孔道表面为亲水,当水驱油时,原油中的表面活性物质在岩石孔道表面上的吸附必将影响油膜的移动速度,油膜附着在孔道表面上越牢固,移动就越困难,滞后自然就越严重。研究表明,接触角滞后是引起毛管力滞后的主要原因之一。

2. 动滞后

动滞后是指:在水驱油或油驱水过程中,当三相边界沿固体表面移动时,因移动的延缓而使接触角发生变化的现象。结合油层中的情况,并以亲水毛管为例(图 4-17)。静

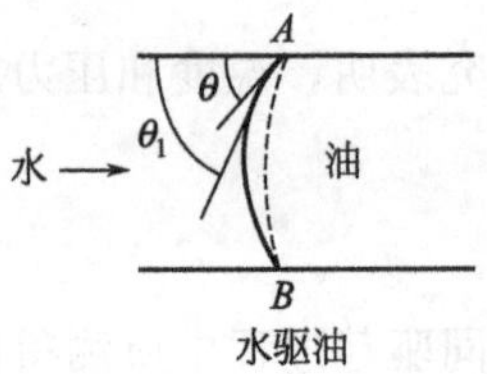

止平衡时，弯液面形成的平衡接触角为 θ；水驱油时，三相边界（A，B）不立刻移动，弯液面发生变形，接触角增大为 θ_1；若油驱水，则接触角减小为 θ_2。同样，把水驱油时形成的接触角定为前进角或增大角 θ_1，油驱水时形成的角为后退角或减小角 θ_2，与平衡角 θ 之间的关系为 $\theta_1 > \theta > \theta_2$。

图 4-17　孔道中的动滞后

正如图 4-18 所示，前进角（或后退角）的数值大小与润湿边界的移动速度有关，不是一个定值。随着弯液面在孔道中运动速度的增加，前进角增大（或后退角减小）。如果孔道表面是亲水的，那么当弯液面以较低速度运动时，起初前进角 θ_1 可能小于 90°；当速度增加后，其前进角就可能大于 90°，使润湿发生反转。这一情况说明，尽管在静止或低速条件下，水可能很好地润湿地层。但当注水驱油速度过大时，弯液面的运动速度就会超过该液体（水）润湿岩石表面的临界速度。此时润湿角变大，润湿性发生反转，以致润湿作用不能很好发挥。当水在孔道中流过之后，还会在岩石表面上留下一层油膜而不利于驱油。

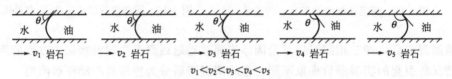

图 4-18　运动润滑滞后现象

六、岩石润湿性与水驱油的相互影响

研究表明，岩石的润湿性对水驱油过程会产生影响；反过来，长期的注水驱油也可改变岩石的润湿性。

湿润性对水驱油的影响是多方面的，这里主要讨论以下三个方面：润湿性决定了油、水在岩石孔道中的微观分布以及残余油在孔隙中的存在方式；润湿性决定了孔道中毛管力的大小和方向；地层中微粒本身的润湿性影响着微粒的运移方式等。

润湿性影响油、水在孔道中的微观分布，岩石颗粒表面润湿性的差异，会使得油、水在岩石孔隙中的分布也不相同，岩石表面亲水的部分，其表面为水膜所包围，亲油部分则为油膜所覆盖。油、水在岩石孔隙的分布示意图如图 4-19 所示。

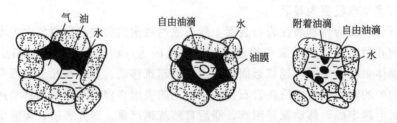

图 4-19　油、水在岩石孔隙中的分布示意图

在孔道中各相界面张力的作用下，润湿相总是力图附着于颗粒表面，并尽力占据较窄小的孔隙角隅，而把非润湿相推向更畅通的孔隙中间部位去。

图 4-20 分别表示在水湿（a，b，c）和油湿（d，e，f）岩石孔隙中，油水饱和度不同时的分布情况。从图中可以看出，如果岩石颗粒表面是亲水的（水湿），水则附着于颗粒表面。a 是当含水饱和度很低时，水便围绕颗粒接触点形成空心圆环状分布，称为环状分布。由于含水饱和度很低，这些水环不能相互接触彼此连通起来，因而不能流动，而以束缚水状态存在。与此同时，油的饱和度很高，处于"迂回状"连续分布在孔隙的中间部位，在压差作用下形成渠道流动。b 是当含水饱和度增加时，水环也随之增大，直至增到水环彼此连通起来，成为"共存水"的一种形式，它能否流动决定于所存在的压差大小。含水饱和度增大高于共存水饱和度后，水也成"迂回状"分布而参与流动。c 是随含水饱和度进一步增加，最终油失去连续性并破裂成油珠、油滴，称为"孤滴状"分布。油滴虽然靠水流能将其带走，但很容易遇到狭窄孔隙断面而被卡住，形成对液流的阻力。摩尔（Moore）采用示踪剂对强水湿岩心的水驱油研究表明，非湿相流体（油）相当大的部分局限于枝杈结构，尤其是在油饱和度接近 S_{or} 时更是如此。当注入水绕过它时，枝杈中的油由于毛管力而被捕集和隔绝。孔道的非均质也使 S_{or} 增加，因为它容易被水绕过而使油被捕集。

当岩石颗粒表面亲油时，油水分布状态及其随饱和度的变化与上述情况相反，如图 4-20 中 d、e、f 所示的情况。注水时润湿次序对水驱油的影响如图 4-21 所示。

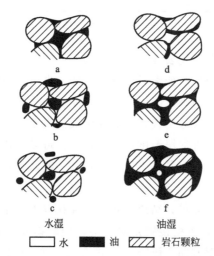

图 4-20 油水在岩石孔隙中的分布示意图

a—水-环状，油-迂回状；b—水、油-迂回状；c—水-迂回状，油-孤滴状；
d—水-迂回状，油-环状；e—水、油-迂回状；f—水-孤滴状，油-迂回状

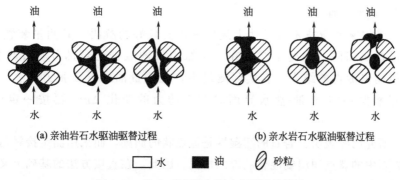

(a) 亲油岩石水驱油驱替过程   (b) 亲水岩石水驱油驱替过程

图 4-21 注水时润湿次序对水驱油的影响

七、油藏岩石润湿性的测定

由于岩石的润湿性比较复杂，针对不同情况，基于不同原理的测定方法也不少，但各方法都有一定的优点和不足之处。大体上可分为两类：一类是直接测量法；另一类是间接测量法。这里主要介绍目前我国常采用的两种方法。

1. 测量润湿接触角法

测量润湿接触角法是直接测量方法中最常用的。该类润湿接触角测量方法中，又以液滴法最简单、实用。其总的做法是将欲测矿物磨成光面，浸入油（或水）中（图 4-22）；在矿物光面上滴一滴水（或油），直径 1~2mm；利用一定的光学仪器或显微镜将液滴放大，拍下液滴形状，便可直接在照片上测出接触角。如果将矿物磨光片倾斜，或减少（或增加）液滴的体积，便可测量前进角和后退角。

图 4-22 测定油水润湿接触角示意图

为了用接触角法求得一个有代表性、且真实的岩石润湿性，矿场测量用的油、水样应尽可能是直接取自油层的新鲜样品。如无新鲜油、水样，也可以用模拟油和根据地层水资料配制的模拟地层水。岩石中的矿物则只能用磨光的主要矿物晶体代替。目前，我国矿场上常采用冰洲石和方解石矿物磨光面来分别代替砂岩和碳酸盐岩石表面。

为了使测量的接触角更接近油层温度、压力条件，可以将矿物和液体置于能承受高压的小室内，在不同的地层温度、压力条件下进行测量。一般认为，温度对油水的润湿性影响较大，而压力的变化影响较小。

该方法最大的优点是原理简单，结果直观。但存在以下几个问题。

① 测量时条件要求严格，否则接触角测不准。如矿物表面要求十分光滑、洁净、不受污染；温度要求严格，稍有误差即会影响测定的结果；操作时间太长，要使液滴稳定下来，有时需要几天，甚至数月，稳定时间不足，会导致较大的误差。

② 该方法不能直接测量油层岩石的润湿接触角。所用矿物虽是岩石的主要成分，但并非实际。用较单一的矿物来模拟岩石组成的复杂问题必然与实际有一定的出入，因此，只能定性地评价油层的润湿性。

近年来，威尔赫米新技术可以使上述问题得到较好的解决。其测量装置基本与测量界面张力的吊板法相同，主要不同点在于该张力仪的数据记录部分与计算机相连，可直接由计算机输出测得的结果。在实际测量中，先测量油水界面张力 σ_{ow}，直接用砂岩吊板测定其吊板穿越空气-油-盐水界面时产生的力的变化 ΔF，再按一定公式计算出 $\cos\theta$ 和 θ 值。

然而很多研究已经表明：岩石的润湿性是斑点状的润湿，而采用测定接触角的方法，并不能反映出岩石中的斑点润湿或混合润湿的情况。因此，在直接方法的基础上又发展了各种间接测定岩石润湿性的方法。

2. 自动吸入法

这是基于所谓"相对润湿性"的概念而来的。例如，对于两种流体而言，其中必有一种比另一种更容易润湿岩石；从另一种意义上讲，能较好润湿岩石的流体会渗入岩石而把润湿性稍差的流体顶替出去。于是相对润湿性的概念就意味着：所谓润湿性，只不过是指两种流体的相对润湿能力而已。

下面讨论的自动吸入法和离心吸入法就是测定两种流体（如油、水）在岩石孔隙中自动取代能力的方法，也就是测定油、水对岩石的相对润湿能力的方法。目前这两种方法已在我国矿场上得到较广泛的应用。

实验所用的岩石必须选用未被污染的，能代表油层原始或目前状况的新鲜岩样；油、水性质尽量模拟油层情况，例如采用原油经中性煤油稀释，配制成与地层原油黏度相近的模拟油等。

自吸法的原理：将已饱和油的岩样放入吸水仪中（图 4-23）。如果岩石亲水，在毛管力的作用下，水将自动吸入岩石将岩石中的油驱替出来。驱出的油浮于仪器的顶部，其体积可从上部刻度直接读出。岩石吸水，则表示岩石有一定的亲水能力。相反，如果把饱和水的岩样浸入油中（吸油仪中），若发生驱水现象，则岩石具有亲油能力，驱出的水沉于仪器底部，由刻度管上可读出驱出水量。

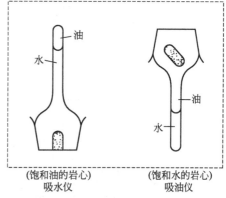

图 4-23　自动吸入法测润湿性

实际测定时，是将同一块岩样重复作吸水驱油和吸油驱水实验，由于岩石润湿的非均质性，岩石往往既亲水又亲油。一般的评价方法是：若吸水量大于吸油量，则定岩石为亲水；反之亲油；若吸水量和吸油量相近，则定为中性润湿。

自吸法测定油层岩石的润湿性既简单，又比较接近油层的实际情况，是一种较好的方法。缺点是它只能定性确定油层的相对润湿性。此外，实验时需要注意的是，由于岩心的污染程度对润湿性的影响很大，因此如何保证岩心在取样、制样的过程中不受污染，力争实现在地层温度、压力条件下进行测量是提高吸入法质量的关键。

【考核评价】

考核标准见表 4-5。

表 4-5　储层岩石的润湿性评价评分标准

序号	考核内容	评分要素	配分	评　分　标　准	备注
1	选取钻取液、去除岩心空气、达成残余状态	用与取心液类似的液体做钻取液，钻取油层岩样	5	不能正确说出选取原则扣 5 分	
		把岩心放入盛有盐水的容器内抽空，以除去岩心中的大部分空气	10	不能说出去除空气原因扣 5 分	
		把抽空后的岩心放入岩心夹持器内，以水驱替岩样中的气和油，使其达到残余状态	15	不能说出达成残余状态的方法原理扣 5 分	

续表

序号	考核内容	评分要素	配分	评 分 标 准	备注
2	吸油排水	从夹持器中取出岩样放在装满油的吸入室内,使之自发吸油排水	20	不能说出自发吸油排水原理扣5分	
	记录排水量	定时计量排出的水量,该水量即等于吸入的油量。实验要进行到排出水量不再增加,记下排出的总水量V_{wd},此时油的吸入已达平衡。这一步骤一般需要若干天才能结束	15	未对排水量进行校正扣5分	
	达成束缚状态	把岩样放在岩心夹持器内进行油驱水,使岩样内的水达到束缚状态。记录驱出的总水量V_{wt}。	10	不能说出达成束缚原理扣5分	
3	记录排油量	从夹持器中取出岩样放入存有水的吸入器中,定时记录排出的油量,直到排出的油量不变,吸水达到平衡为止。记录累计排出的油量V_{od}	5	未对排油量进行校正扣5分	
	达成残余油状态	再把岩心装入夹持器进行水驱油,直到残余油状态,记录排出的油量V_{ot}	10	不能说出达成残余油状态的原理扣5分	
4	数据处理	油润湿指数$=V_{wd}/(V_{wd}+V_{wt})$ 水润湿指数$=V_{od}/(V_{od}+V_{ot})$ 当油润湿指数为1时表明岩心强油湿,为0时则表示油相对于岩心是非润湿相 当水润湿指数为1时表明岩心强水湿,为0时则表示水相对于岩心是非润湿相 当这些指数值落在两极之间时,其值的相对大小表明亲水或亲油程度的大小	10	不能说明数据处理方法及判断润湿性依据扣10分	
5	考核时限	3min,到时停止操作考核			
		合计100分			

任务二 储层岩石的毛管力（含阻力效应）评价

教学任务书见表4-6。

表4-6 教学任务书

情境名称	储层岩石中储层流体渗流特性评价		
任务名称	储层岩石的毛管力评价		
任务描述	抽空岩样和岩心室;充汞;进汞、退汞实验;数据处理		
任务载体	模拟岩样;压汞仪		
学习目标	能力目标	知识目标	素质目标
	1.能够正确地完成储层岩样的毛管力的测定操作 2.能够正确地完成测定数据的处理	1.掌握岩石样本的准备方法 2.掌握岩石样本毛管力的测定方法与原理 3.掌握毛管力测定数据的处理方法	1.培养学生团队意识 2.培养学生观察、思考、自主学习的能力 3.培养学生爱岗敬业、严格遵守操作规程的职业道德素质

【任务实施】

1. 任务准备

压汞仪流程图如图 4-24 所示。

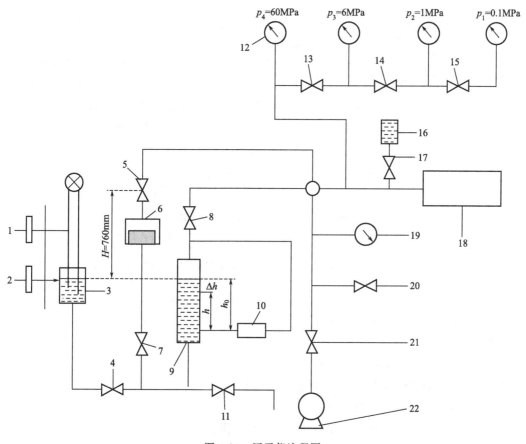

图 4-24　压汞仪流程图

1—指针手柄；2—汞杯升降手柄；3—汞杯；4—补汞阀；5—抽空阀；6—岩心室；
7—岩心室阀；8—隔离阀；9—汞体积测量管；10—压差传感器；11—校正阀；
12—压力阀；13，14，15—截止阀；16—酒精容器；17—进液阀；18—高压
计量泵；19—真空表；20—放空阀；21—真空阀；22—真空泵

2. 测定步骤

① 装岩心、抽真空：将岩样放入岩心室，关紧岩心室，关闭岩心室阀，打开抽空阀，关闭真空泵放空阀；打开真空泵电源，抽空 15～20min。

② 充汞：打开岩心室阀，打开补汞阀，调整汞杯高度，使汞杯液面至抽空阀的距离 H 与当前大气压力下的汞柱高度（约 760mm）相符；打开隔离阀，重新调整汞杯高度，此时压差传感器输出值为 28.00～35.00cm 之间；关闭抽空阀，关真空泵电源，打开真空泵放空阀，关闭补压阀。

③ 进汞、退汞实验：关闭高压计量泵进液阀，调整计量泵，使最小量程压力表为零；按设定压力逐级进泵，稳定后记录压力及汞体积测量管中汞柱高度，直至达到实验最高设定

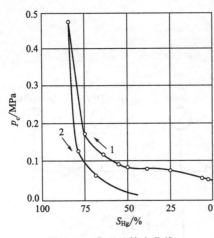

图 4-25 典型毛管力曲线
1—压汞曲线；2—退汞曲线

压力；按设定压力逐级退泵，稳定后记录压力及汞体积测量管中汞柱高度，直至达到实验最低设定压力。

④ 结束实验：打开高压计量泵进液阀，关闭隔离阀；打开补汞阀，打开抽空阀；打开岩心室。取出废岩心，关紧岩心室，关闭抽空阀；清理台面汞珠。

注意：进泵时，压力由小到大，当压力达到压力表量程的 2/3 时，关闭相应的压力表；退泵时，压力降到高压表量程的 1/3 以下并在下一级压力表的量程范围内时，才能将下一级压力表打开。

3. 数据处理

(1) 数据记录

数据记录表见表 4-7。

表 4-7 毛管力曲线测定原始数据

岩心直径：　　计量管截面积：　　岩石长度：　　岩石孔隙度：

序号	进汞压力/MPa	进汞高度/cm	校正高度/cm	汞饱和度/%	序号	进汞压力/MPa	进汞高度/cm	校正高度/cm	汞饱和度/%	毛细管半径/μm

(2) 数据处理

① 计算岩石的含汞饱和度、岩石孔隙体积。

② 绘制毛管力曲线（图 4-25），描述定性特征。

③ 计算毛管力对应的空隙半径。

④ 根据进汞毛管力曲线绘制孔隙大小分布柱状图。

⑤ 计算相关物性参数：最大孔喉半径（由图中做平滑段的延长线，交于坐标轴），饱和度中值压力（由毛管力曲线图判断），退汞效率（通过读图可以看出最大汞饱和度和最小汞饱和度）。

【必备知识】

地层中流体流动的空间是弯弯曲曲、大小不等、彼此曲折相通的复杂小孔道，这些孔道可单独看成是变断面、且表面粗糙的毛细管，而储层岩石则可看成为一个多维的相互连通的毛细管网络。由于流体渗流的基本空间是毛管，因此研究油气水在毛管中出现的特性就显得十分重要。

一、毛管压力概念综述

1. 各种曲面附加压力的计算

在一个大的容器中，静止液体的表面一般是一个平面。但在某些特殊情况下，例如毛管中，由于液体和固体间的相互润湿，液体会沿固体表面延展，使液-气相间的界面是一个弯曲表面。由于表面张力的作用，弯曲表面上的表面张力不是水平而是沿界面处与表面相切。

对于凸面，表面张力将有一指向液体内部的合力，凸面好像绷紧在液体上一样，液体内部的压力大于外部压力，使它受到一个附加压力。凹面正好相反，凹面好像要被拉出液面，因而液体内部的压力小于外部的压力，也受到一个附加压力（实际为"压强"，习惯上都叫"压力"，或简称为"力"，如将毛管压力简称为毛管力）。

从物理学中我们知道，对于形状简单的弯曲液面（图 4-26），该压强的方向与液面的凹向一致（如图中箭头所示），其大小由拉普拉斯方程确定，即

$$p_c = \sigma \left(\frac{1}{R_1} + \frac{1}{R_2} \right) \tag{4-6}$$

式中　p_c——曲面的附加压力（压强）；

　　　σ——两相间界面张力；

R_1，R_2——任意曲面的两个主曲率半径（即相互垂直的两相交切面内的曲率半径）。

式(4-6)是研究毛管现象的一个最基本公式，应用上式的关键是如何确定不同曲面下的 R_1、R_2 值。

这种曲面附加压力在大的容器中是可以忽略的，而只有在细小毛管中时，此曲面附加压力才值得重视，因此人们常将这种附加压力称为毛管压力。

就油藏岩石而言，单根毛管中的弯液面常常是两种形式，如图 4-27 所示。一种毛管中的油水接触面为球面；另一种是当管壁上有水膜，管中心部分为油充满时所形成的柱形界面。

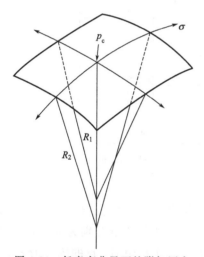

图 4-26　任意弯曲界面的附加压力

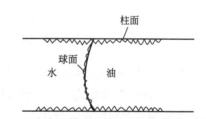

图 4-27　亲水毛管中的油水界面——球面和柱面

毛管中弯曲界面为球面时，用两个相互垂直的面去切球面，截面与球面相交均为圆，且曲率半径 $R_1 = R_2 = R$，将此 R_1、R_2 代入式(4-6)，则

$$p_c = \sigma \left(\frac{1}{R_1} + \frac{1}{R_2} \right) = \frac{2\sigma}{R} \tag{4-7}$$

从图 4-26 可得到

$$\cos\theta = \frac{r}{R}$$

式中　θ——润湿接触角；

r——毛管半径。

将 $\dfrac{1}{R}=\dfrac{\cos\theta}{r}$ 代入式(4-7)，则

$$p_c=\frac{2\sigma}{R}=\frac{2\sigma\cos\theta}{r} \tag{4-8}$$

p_c 指向弯液面内侧，即指向非润湿相一方。

式(4-8)是毛管压力最重要、最常用的公式。该式表明 p_c 与毛管半径 r 成反比；毛管半径越小，毛管压力越大。两相界面张力越大，接触角越小（越容易润湿），则毛管力也越大。

2. 毛管中液体的上升（或下降）

如果将一根毛细管插入润湿相液体中，则管内液气界面为凹形，那么液体就受到一个附加向上的压力，使湿相液面上升一定的高度 [图4-28(a)]；反之，如果把毛细管插入到非润湿相中，则管内液体界面成凸形，液体受到一个向下的附加压力，使非润湿相液面下降一定的高度 [图4-28(b)]。这种在毛细管中产生的液面上升或下降的曲面附加压力，人们就称之为毛细管压力。

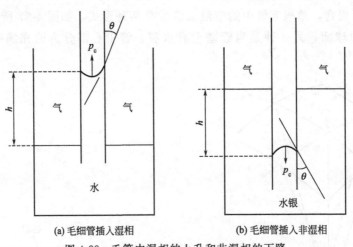

(a) 毛细管插入湿相　　　　(b) 毛细管插入非湿相

图4-28　毛管中湿相的上升和非湿相的下降

若在装有油、水两相的容器中插入毛细管，则湿相水会沿毛管上升，上升高度为 h [图4-29(a)]。设油水界面张力为 σ，润湿接触角为 θ，油、水的密度分别为 ρ_o、ρ_w，并且设毛管中，紧靠油水界面附近，油相中 B_o 点的压力为 p_{ob}，水相中 B_w 点的压力为 p_{wb}；在大容器中，紧靠油水界面附近，油相中 A_o 点和水相中 A_o 点的压力分别为 p_{oa} 和 p_{wa}，则有

油相中 $$p_{ob}=p_{oa}-\rho_o gh \tag{4-9}$$

水相中 $$p_{wb}=p_{wa}-\rho_w gh \tag{4-10}$$

又

$$p_{oa}=p_{wa} \tag{4-11}$$

因为连通管中同一水平高度上的压力相等。并且认为烧杯容器足够大，A_o 点所处油水界面为水平的，即毛管力为零。

人们还将毛管压力定义为两相界面上的压力差，其数值等于界面两侧非湿相压力减去湿相压力。毛管压力只存在于两相界面上，并可形成压力突变。根据上述定义，则得

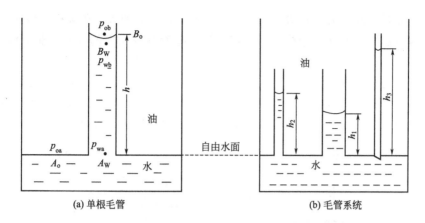

图 4-29　毛管中液体上升与毛管压力的关系

$$p_c = p_{ob} - p_{wb} = (\rho_w - \rho_o)gh = \Delta\rho gh \tag{4-12}$$

式中　$\Delta\rho$——两相流体密度差。

式(4-12)是油层中毛细管平衡理论的基本公式。该式表明：液柱上的高度直接与毛管压力 p_c 之值有关，毛管压力越大，则液柱上升越高。

由式(4-12)再结合毛管公式 $p_c = 2\sigma\cos\theta/r$，可得

$$\Delta\rho gh = \frac{2\sigma\cos\theta}{r}$$

故

$$h = \frac{2\sigma\cos\theta}{r\Delta\rho g} \tag{4-13}$$

式(4-13)可用于计算液体（如水）在储层中上升高度。

由式(4-13)可以看出：在实际油层中毛管倾斜时，只要其他参数（如 σ、r、$\cos\theta$、$\Delta\rho$）相同时，上升的液柱高度将不变化。当毛管孔道半径变化时［图 4-29(b)］，则上升高度会高低不一致，孔道越小，上升越高。因此可得出：油藏中油水界面不是一个截然分开的平面，而是一个具有相当高度的油水过渡带（或油气过渡带）。一般而言，油水过渡带比油气过渡带厚度更大。

二、毛管压力曲线的测定

1. 半渗透隔板法

实验装置如图 4-30 所示，隔板的孔隙应小于岩心孔隙，这样当用湿相流体饱和隔板后，由于毛管力的阻碍作用，在外加压力未超过隔板喉道的穿透毛管压力之前，隔板只能允许湿相通过，而不能通过非湿相，因而叫作半渗透隔板。实验时，隔板之下充满已经抽空排气的湿相液体（如水），隔板本身也要事先饱和水。将已经饱和湿相流体的待测岩心置于半渗透隔板之上，并用弹簧压紧。为使岩心与隔板贴紧，还常常在两者之间垫一层滤纸。通过岩心室上的金属管与压力源（如氮气瓶）连通，让岩心室内充满非湿相流体（油或气体）。若对非湿相施以排驱压力，非湿相将克服岩心的毛管力而进入岩心，将其中的湿相水排出。排出的水可通过隔板进入 U 形管，其体积可由刻度管上读出。在排驱压力没有超过隔板的最小毛管压力之前，非湿相油不可能通过隔板。为了防止驱出水量的蒸发，可在刻度管内水面之

上放一滴油。

实验时，从最小压力开始逐级升高压力。随着驱替压力加大，非湿相油将通过越来越细的喉道，把越来越多的水从其中排出。也就是说，随着驱替压力的升高，非湿饱和度增加，湿相饱和度降低。

测定时，每达到一个预定压力值（或称压力点），需待系统稳定后（压力稳定、管内液面不再增加），才可进行一次读数，记下压力值及相应的累计排出水体积。然后将压力升高到下一个压力点，进行下一次读数，依此类推，直到预定最高压力为止。

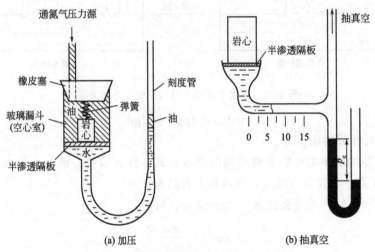

图 4-30　半渗透隔板法测毛管压力示意图

最后，可获得一系列压力值及其相应的累计排出水体积（表 4-8）。根据排出水体积及岩样最初饱和水的体积（表中为 1.365cm³），即总孔隙体积 V_p，按下式可计算出每个压力下的含水饱和度（或湿相饱和度）

$$S_w = \frac{V_p - \Sigma V_w}{V_p} \tag{4-14}$$

式中　S_w——湿相饱和度（或水饱和度）；

　　　V_p——岩样孔隙体积，即最初岩样饱和湿相（水）体积；

　　　ΣV_w——累积排出湿相（水）体积。

表 4-8　毛管力曲线实测结果

序　号	毛管力(p_c)/mmHg	刻度管数值/cm³	岩心中含水体积/cm³	含水饱和/%
1	20	0	1.365	100
2	40	0.075	1.290	94.6
3	50	0.150	1.215	89.0
4	60	0.250	1.115	81.8
5	80	0.750	0.615	45.0
6	120	1.000	0.365	27.0
7	160	1.125	0.240	17.9
8	260	1.225	0.140	10.7
9	390	1.285	0.080	6.3
10	>390	1.285	0.080	6.3

半渗透隔板法所能测定的最大毛管压力取决于隔板孔径的大小。非湿相开始突破隔板孔隙时的压力（即阀压）就是实验所允许的最大压力。隔板材料的孔隙越小，阀压越高，测试范围就越大，目前国内生产的隔板可高达 0.7MPa 以上。

半渗隔板法最大的缺点在于测试时间太长，平衡速度十分缓慢，一个样品需要长达几十小时或几十天。如果非湿相采用气体，则可缩短稳定时间，加快测试速度。目前国外所用的测量装置，岩心室一次可以放入数十块岩样，从而提高了效率。

半渗隔板法虽然因测量速度慢不能满足常规测试的要求，但无论气驱水、气驱油、还是油驱水、水驱油，都比较接近模拟油层条件，测量精度较高，故是一种经典的标准方法，可作为其他方法的对比标准，因此仍是一种重要的测量方法。

2. 毛管压力曲线的换算

实际中，在室内测定毛管压力曲线时，测定条件不可能做到与油藏实际条件完全相同。例如在实验室测定时，不同的方法（如压汞法、隔板法）所使用的流体体系就不同，两种实验方法中流体的表面张力口和接触角等均不同，因而使所测毛管压力数值也不相同。在使用毛管压力曲线资料时，或不同测试方法对比时，或把实验室测定结果应用于地下条件时，都需要事先进行相应的换算。

若采用同一岩样进行实验，则

在实验室条件下

$$p_{cL} = \frac{2\sigma_L \cos\theta_L}{r}, \text{即 } r = \frac{2\sigma_L \cos\theta_L}{p_{cL}} \tag{4-15}$$

在油藏条件下

$$p_{cR} = \frac{2\sigma_R \cos\theta_R}{r}, \text{即 } r = \frac{2\sigma_R \cos\theta_R}{p_{cR}} \tag{4-16}$$

因是同一岩样，则式(4-15)和式(4-16)中 r 应相等，由此可得到如下通用换算公式

$$p_{cR} = \frac{\sigma_R \cos\theta_R}{\sigma_L \cos\theta_L} p_{cL} \tag{4-17}$$

利用式(4-17)，可将不同方法下测定的毛管压力换算到油层情况下的毛管压力，以及进行不同方法间毛管压力的换算。下面列举三种情况来加以说明。

情况 1：将压汞法所测的毛管压力 p_{Hg} 换算为油层条件下的油-水毛管压力 p_{ow}。已知汞表面张力 $\sigma_{Hg}=480\text{mN/m}$，$\theta_{wg}=140°$，油水界面张力 $\sigma_{ow}=25\text{mN/m}$，$\theta_{ow}=0°$，则

$$p_{ow} = \frac{\sigma_{ow}|\cos\theta_{ow}|}{\sigma_{Hg}\cos\theta_{Hg}} p_{Hg} = \frac{25 \times |\cos0°|}{480 \times |\cos140°|} p_{Hg} \approx \frac{1}{15} p_{Hg} \tag{4-18}$$

即实际油藏中油水的毛管压力 p_{ow} 仅为压汞法所得毛管压力的 1/15。

情况 2：将半渗透隔板法（水-空气体系）所测得的毛管压力 p_{wg} 换算为地下油水毛管压力。已知水的表面张力 $\sigma_{wg}=72\text{mN/m}$，接触角 $\theta_{wg}=0°$。则

$$p_{ow} = \frac{\sigma_{ow}|\cos\theta_{ow}|}{\sigma_{wg}|\cos\theta_{wg}|} p_{wg} = \frac{25 \times |\cos0°|}{72 \times |\cos140°|} p_{wg} \approx \frac{1}{3} p_{wg} \tag{4-19}$$

即实际油藏中油水的毛管压力 p_{ow} 仅为半渗隔板法所测得的毛管压力 p_{ow} 的 1/3（图 4-31）。

情况 3：将压汞法所测得的 p_{Hg} 换算为半渗隔板法下的毛管压力 p_{wg}，则

$$p_{wg} = \frac{\sigma_{wg}|\cos\theta_{wg}|}{\sigma_{Hg}|\cos\theta_{Hg}|} p_{Hg} = \frac{72 \times |\cos0°|}{480 \times |\cos140°|} p_{Hg} \approx \frac{1}{5} p_{Hg} \tag{4-20}$$

这说明需要将压汞法所得的毛管力曲线按比例缩小 5 倍后，即可与半渗透隔板法所得曲线相比较。一般认为半渗隔板法较接近油层条件，精度较高，其所测曲线可作为标准曲线而与其他方法相对比。实践已证明，不同方法的测定结果均与半渗隔板法基本上相吻合。

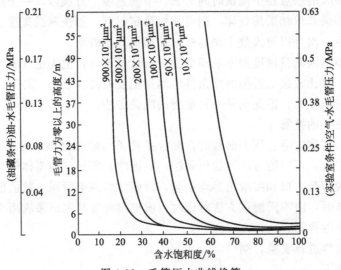

图 4-31 毛管压力曲线换算

在应用毛管压力曲线时，常常利用毛管压力与喉道半径及液柱高度间的函数关系将毛管压力值 p_{Hg}（MPa）换算成相应于此压力下的喉道半径 r（μm）和此压力下湿相（水）上升的高度 h，有时毛管压力曲线的纵坐标还直接标出喉道半径和液柱高度。p_c 与 r 间的换算方法是：知 $p_c = 2\sigma\cos\theta/r$，如压汞法中取 $\sigma = 480\text{mN/m}$，$\theta = 140°$，则压汞毛管压力 p_{Hg} 与喉道半径 r 间具有下面关系

$$p_{Hg} = \frac{2\sigma_{Hg}\cos\theta_{Hg}}{r} = \frac{0.75}{r} \qquad \text{或} \qquad r = \frac{0.75}{p_{Hg}} \tag{4-21}$$

如压汞时毛管压力为 1MPa，则对应的孔隙半径为 0.75μm。将式(4-21)转换成 SI 制单位，并应用式(4-17)将实验测得的毛管压力换算为地层条件下的毛管压力 p_{cR}，则

$$h = \frac{100 p_{cR}}{\rho_w - \rho_o} \tag{4-22}$$

式中　h——油水界面以上湿相（水）液柱高度，m；

p_{cR}——地层条件下（如油-水）的毛管压力，MPa；

ρ_w，ρ_o——分别为地层条件下的水、油密度，g/cm³。

三、岩石毛管压力曲线的基本特征

正如前述，理想孔隙介质的毛管压力是湿相（或非湿相）饱和度的函数，但对实际的储油岩石来说，影响毛管压力的因素远不是单一的。它不仅是湿相（非湿相）饱和度的函数，还直接受储层岩石的孔隙大小、孔隙分选性、流体和岩石矿物的组成、毛管滞后等诸多因素的影响，所测得的毛管压力曲线也各不相同。那么，对于这些毛管压力曲线，有无共同之处呢？应该研究毛管力的哪些特征参数来认识毛管压力曲线呢？

1. 毛管力曲线的定性特征

典型的毛管压力曲线如图 4-32 所示。一般毛管力曲线具有两头陡、中间缓的特征。故有时也将其分为三段：初始段、中间平缓段和末端上翘段。

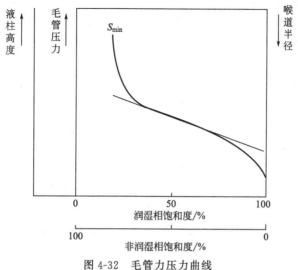

图 4-32　毛管力压力曲线

开始的陡段表现为随压力升高，非湿相饱和度缓慢增加。此时，非湿相饱和度的增加大多是由于岩样表面凹凸不平或切开较大孔隙引起的，并不代表非湿相已真正进入岩心。有时，只有其中的一部分进入岩心内部，其余部分消耗于填补凹面和切开的大孔隙。

毛管曲线中间平缓段是主要的进液段，大部分非湿相在该压力区间进入岩心，故非湿相饱和度增大很快而相应的毛管压力变化则不太大。曲线中间段的长、短，位置的高低对分析岩石的孔隙结构起着很重要的作用。毛管力曲线中间平缓段越长，说明岩石喉道的分布越集中，分选越好。平缓段位置越靠下，说明岩石喉道半径越大。

曲线的最后陡翘段表示，随着压力的急剧升高，非湿相进入岩心的速度越来越小，直至非湿相完全不能再进入岩心。如曲线陡翘段表现为与纵轴相平行，则说明再增加压力，非湿相饱和度已不会变化。

2. 毛管力曲线的定量特征

① 阀压 p_T（排驱压力）：非湿相开始进入岩样时的最小压力，它对应岩样最大孔隙的毛管压力。

岩石渗透性越好，孔隙半径大，排驱压力 p_T 较低，表面岩石物性较好。排驱压力的大小可以评价岩石渗透性的好坏，还可确定岩石最大孔隙半径并判断岩石的润湿性。

② 饱和度中值压力 p_{c50}：在驱替毛管压力曲线上饱和度为 50% 时相应的毛管压力值，对应的孔道半径是饱和度中值孔道半径 r_{50}。

p_{c50} 值越小，r_{50} 越大，表明岩石的孔渗特性越好。如果岩石的孔隙大小分布接近于正态分布，r_{50} 可粗略地视为岩石的平均孔道半径。

③ 最小湿相饱和度 S_{min}：当驱替压力达到最高时，为被非湿相侵入的孔隙体积百分数。若岩石亲水，则代表束缚水饱和度；若岩石亲油，则代表残余油饱和度。最小湿相饱和度实际上是反映岩石孔隙结构的一个指标，岩石物性越好，其值越小。

四、毛管压力曲线的应用

最初测定储油岩石的毛管压力主要是为了确定油层的束缚水饱和度，应用范围相当狭窄。随着研究工作的深入发展，有关储层的几乎全部参数，如束缚水饱和度、残余油饱和度、孔隙度、绝对渗透率、相对渗透率、岩石润湿性、岩石比面以及孔隙喉道大小分布等，在某种程度上都可以利用毛管压力资料来确定，而且也提出了很多评价储层的新参数。因此，毛管压力资料已经在油气勘探和开发中得到了十分广泛的应用。下面仅就毛管力曲线的部分应用作一简介。

1. 研究岩石孔隙结构

毛管压力曲线是毛管压力和饱和度的关系曲线。由于一定的毛管压力对应着一定的孔隙喉道半径（$r = 2\sigma\cos\theta/p_c$），因此，毛管压力曲线实际上包含了岩样孔隙喉道的分布规律。如图4-32所示，在毛管压力曲线的右侧纵坐标上就直接标出了孔隙半径大小。

为更好利用毛管压力曲线定量地研究孔隙喉道分布，绘制各种孔隙喉道大小分布图，如孔隙喉道频率分布直方图（图4-33），孔隙喉道累积频率分布曲线（图4-34）。由这些曲线确定岩石主要喉道半径大小。在工程上，孔喉半径对于确定泥浆暂堵剂的粒级大小及聚合物驱中筛选高分子化合物，寻找最优的粒级匹配关系都是很重要的基础资料数据。

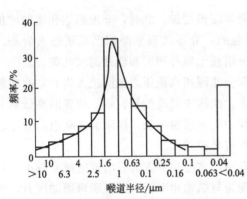

图4-33 孔隙喉道频率分布直方图

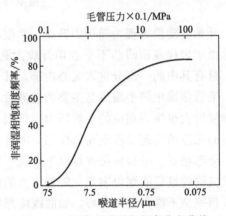

图4-34 孔隙喉道累积频率分布曲线

2. 根据毛管压力曲线形态评估岩石储集性能好坏

毛管压力曲线形态主要受孔隙喉道的分选性和喉道大小所控制。所谓分选性是指喉道大小的分散（或集中）程度。喉道大小的分布越集中，则分选越好，毛管力曲线的中间平缓段也就越长，且越接近与横坐标平行。孔隙喉道大小及集中程度主要影响着曲线的歪度（又叫偏斜度），是毛管压力曲线形态偏于粗喉道或细喉道的量度。喉道越大，大喉道越多，则曲线越靠向坐标的左下方，称为粗歪度。反之曲线靠右上方，则称为细歪度。

3. 确定油、水饱和度随油水过渡带高度之间的变化关系

正如前述，地层中油水之间不存在一个截然的分界面，而是一个很厚的油水过渡带。在此过渡带内，含水饱和度从下至上逐渐减少，由100%含水直至降到束缚水饱和度为止。图4-35为过渡带中油、水饱和度的变化示意图。

可利用所测得的毛管压力，按公式

$$h(S_w) = \frac{100 p_c(S_w)}{\rho_w - \rho_0}$$

直接将$p_c(S_w)$换算成$h(S_w)$，即可求出油水过渡带高度随油、水饱和度变化关系。

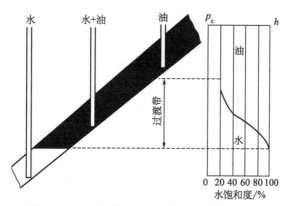

图 4-35 在过渡带中油、水饱和度变化示意图

但若要准确确定油水同产区的厚度,还需与相对渗透率曲线结合。

4. 用毛管压力回线法研究采收率

在毛管压力曲线测量中,采用加压非湿相驱替岩心中湿相属于驱替过程,所得的毛管压力曲线称为驱替毛管力曲线,简称驱替曲线;降压用湿相驱替非湿相的毛管力曲线,简称吸入(或吸吮)曲线。在压汞法中,通常又把驱替叫注入,把吸入叫退出。

近十几年来,不少研究者开展了对吸入曲线的研究,研究中发现,有相似驱替曲线的岩样,其吸入曲线可以不相似,这反映了岩石孔隙结构上的差异和复杂性。测定驱替和吸入毛管力曲线较为方便的方法是压汞法。

实验时,先加压向岩样中注入水银,然后降压使水银退出,这一过程可以反复多次进行,即可以再次(二次)注入,再次退出等,从而得到毛管压力回线,如图 4-36 所示。毛管压力回线的测定至少包括压汞、退汞和重压汞三个过程。进行毛管压力回线实验的目的是研究岩石的孔隙结构及其对岩石内流体分布、流动机理和非湿相毛细管效应对采收率的影响。

图 4-36 中的毛管压力回线包括一次注入(曲线Ⅰ)、退出(曲线 W)和二次注入(曲线 R)。一次注入时压力从零到最高压力,湿相饱和度从 100% 降至 S_{min}(最小湿相饱和度),而非湿相饱和度从 0 到最大值 S_{max}。退出曲线压力从最高值降到零,但发现:非湿相(水银)并不全部退出,有部分水银因毛管力作用而残留于岩石中(残余水银饱和度 S_R)。退汞曲线和压汞曲线在形态上的差别是由毛管压力滞后作用引起的。其滞后包括捕集滞后(traphysteresis)和拖延滞后(draghystersis)。捕集滞后是由岩石的孔隙结构决定的。不同孔隙结构的岩石,具有不同捕集滞后现象,这可由压汞曲线和重压汞曲线的区别具体表现出来。拖延滞后是由于退汞过程中水银对岩石润湿角的改变和水银在岩样中受到不同程度的污染而使其表面张力下降等原因造成。其滞后状况可由退汞曲线和重压汞曲线的差别表现出来。

一次注入和二次注入所得的最小湿相饱和度是一致的,为 S_{min}。二次注入曲线与退出曲线构成一闭合环,称为滞后环(图 4-36 中 R-W 环)。

沃德洛把降压后退出的水银体积与降压前注入的水银总体积的比值叫作退出效率 E_w,并由下式确定

$$E_w = \frac{S_{max} - S_R}{S_{max}} \times 100\% \tag{4-23}$$

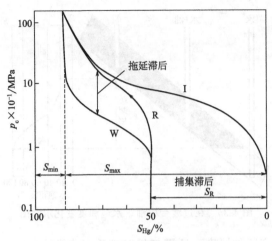

图 4-36 注入和退出毛管压力曲线
I——次注入曲线；W—退出曲线；R—二次注入曲线

退出效率实际上是非湿相的采收率，对于亲水油层，则为非湿相原油的采收率。这就为研究石油采收率，探讨采收率与孔隙结构、流体性质之间的关系提供了一条新的途径。在进行二次和三次采油的室内模拟实验中特别应注意驱替和吸入毛管力曲线的不同。

五、储层岩石驱油过程中的阻力效应

研究储层内驱油机理，就是要研究开采过程中油层内部所发生的变化。例如，在注水采油过程中，作为驱油介质的水（或气）要不断克服阻力，从孔道中驱出原油，与此同时却会引起油层内部油、气、水分布数量和分布形式不断发生改变。如原来连续分布的油可能会渐变成单个分散的油滴或油柱等。油层内部流体的重新分布所发生的变化，是油层内驱油能量和驱油过程中所产生的多种阻力相互制约的结果。与此同时，变化后的情况又决定着连续驱油时能量和阻力状况。因而只有研究驱油过程中油层内部的这些阻力变化，才能更好地解释生产中所发生的一些现象，并可从实际情况出发采取措施，更有效地用水（气）驱出地层中的原油。

1. 水驱油的非活塞性

注水开发油田的初期，人们曾想象水在地层中驱油就像活塞在气缸中运动一样，会将油全部驱净（图 4-37）。但是，生产实际中的各种现象否定了这种想法，如油井见水后长时间内油水同出，说明地层中长时间的油水同时流动；一排油井同时生产，但见水时间却相差很远等。对这种现象进一步分析并通过实验发现了水驱油的非活塞性，即水驱油时油层并不是如图 4-37 所示，而是形成三个不同的流动区：即纯水流动区、油水混合流动区和纯油流动区（图 4-38）。

图 4-37 活塞式水驱油　　　　图 4-38 非活塞式水驱油

地层孔隙结构非常复杂,孔道有大有小,有的孔道表面亲油,有的则亲水。油和水在这种严重的非均质地层中流动时,各孔道中的驱油能量和所产生的阻力会各不相同。如在外界驱动压差保持一定的情况下,给予各孔道内的能量应该相等。但实际上,对亲水孔道来说,毛管力是驱油动力,因而它就可获得附加能量;相反,在亲油孔道中的毛管力却成为附加阻力。无论毛管力是动力还是阻力,由于孔道大小不同,油水在其中流动时所产生的动力和遇到的阻力也必然不同。因而各孔道中的流动速度也就不同。油水黏度差将加剧各孔道内油水流动速度的差别性。各孔道中的流动速度不同,油水界面就必然参差不齐,使在纯水流动区和纯油流动区之间产生一个既有油又有水的油水混合流动区。

各孔道中的流动速度不同固然是造成油水混合区的一个原因,但更加深入地研究地层毛管孔道中的各种阻力效应就会发现,造成速度不同、形成油水混合区及部分原油不能被采出有更为复杂的因素。

2. 毛管孔道中的各种阻力效应

下面就油层中常见的几种情况,讨论由于毛管力所引起的各种阻力效应。

(1) 当油滴(或气泡)处于静止状态

如图 4-39 实线所示,油滴(珠)半径大于毛管孔道半径,此时油滴变成油柱状,对管壁会产生一种挤压力。此时柱形曲面产生指向管心的毛管力为 p',由式(4-8)可得

$$p' = \frac{\sigma_{ow}}{r} \tag{4-24}$$

球形曲面产生的毛管力为 p'',由式(4-8)可得

$$p'' = \frac{2\sigma}{R} = \frac{2\sigma_{ow}\cos\theta}{r} \tag{4-25}$$

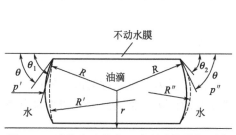

图 4-39 油滴在毛管中运动所受的附加压力

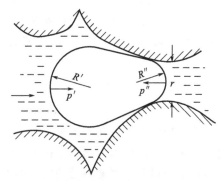

图 4-40 珠泡在孔隙喉道处遇阻变形示意图

由此看出,当油滴静止时,施于管壁的球面毛管力 p'' 和施于管心的柱面毛管力 p' 方向正好相反。毛管力 p'' 使液膜变薄,p' 则使液膜增厚,两种力作用结果是液膜最后保持一定的平衡厚度。这可以理解为是液体压强传递定律,即帕斯卡原理所致。(帕斯卡原理:密闭容器内的液体,能把它在一处受到的压强大小不变地向内部各点和各方向传递,这即为液体压强传递定律)。最后液珠静止时的毛管力效应 p_I(指向管壁)则为

$$p_I = \frac{2\sigma\cos\theta}{r} - \frac{\sigma}{r} = \frac{2\sigma}{r}(\cos\theta - 0.5) \tag{4-26}$$

由上式看出,油水(或油气)的表面张力越大,毛管半径越小,施加于管壁液膜的毛管

效应也越大，液膜在达到平衡前其厚度减小也越快。

值得注意的是：油柱表面上的薄膜具有反常的特性——高黏滞力和高强度。因此，要使油柱移动，必须要有足够的压差，才能克服 p_I 和薄膜所造成的摩擦阻力。

(2) 在压差作用下，当油柱欲运动时

由于润湿滞后，首先是油柱弯液面产生变形（如图 4-39 虚线所示），且弯液面两端的曲率半径不等。这时，两端毛管力分别为

$$p'=\frac{2\sigma}{R'} \quad p''=\frac{2\sigma}{R''}$$

所产生的第二种附加阻力 p_{II} 为

$$p_{II}=p''-p'=2\sigma\left(\frac{1}{R''}-\frac{1}{R'}\right)=\frac{2\sigma}{r}(\cos\theta_2-\cos\theta_1) \tag{4-27}$$

p_{II} 的方向与流动方向相反，是一种附加阻力，故要使液滴移动，则所加压差为 $\Delta p > p_I + p_{II} +$ 液膜阻力。注意 p_I 和 p_{II} 不是数量上直接相加的简单关系，因为 p_I 是作用于管壁上的压力，对流动方向上作用力的大小还得考虑管壁上油柱的水膜的摩擦阻力系数等等。

(3) 当珠泡流到孔道窄口时的遇阻情况

如图 4-40 所示。当珠泡欲通过狭窄孔喉时，界面变形，前后端弯液面曲率不等，阻力增加，故第三种毛管效应附加阻力 p_{III} 为

$$p_{III}=2\sigma\left(\frac{1}{R''}-\frac{1}{R'}\right) \tag{4-28}$$

若要使该珠泡通过孔道狭窄口而流动，至少需要多大的压差呢？此时，我们需要考虑 p_{III} 在何时为最大值。实际情况是：当油滴前沿端变形到与孔道最窄处一样大时，p_{III} 为最大。因为此时 $R''=r$，若考虑液滴后端的曲率半径，$R'=\infty$，则 p_{III} 为最大值时

$$p_{III}=2\sigma\left(\frac{1}{r}-\frac{1}{\infty}\right)$$

通常，把液滴通过孔道狭窄处时，液滴变形产生附加阻力的现象称为液阻效应。将气泡通过窄口时产生附加阻力的现象称为气阻效应，或称贾敏效应。推而广之，似乎也可将固相微粒运移至窄口时，堵塞喉道的效应称为固阻效应。

由上面分析看出，当两相流动时，特别是当一相连续，另一相可能不连续，成分散状分布于另一相时，加之岩石中孔道大小不一，孔喉很多，使得各种阻力效应十分明显。这就是在生产中应尽可能避免钻井泥浆进入油层，酸化后应尽力排出、排尽残酸，以及使地层压力不要低于饱和压力而造成油层脱气的理论根据。当然，事物总是一分为二的，近代发展的各种堵水技术、三次采油中的泡沫驱等，就是变这种害为利的例子。

上述的各种附加阻力，在油水混流区是经常会遇到的。除上述的阻力外还应了解渗流中的其他阻力如黏滞力等。

【考核评价】

考核标准见表 4-9。

表 4-9 储层岩石的毛管力评价评分标准

序号	考核内容	评分要素	配分	评分标准	备注
1	抽空岩样和岩心室	打开岩心室,并将已测好孔隙度、孔隙体积以及渗透率的岩样放入岩心室	3	不能说出已测物性参数各扣 1 分	
		关闭岩心室阀,打开抽空阀,关闭真空泵放空阀;打开真空泵电源,抽空 15～20min	5	不能按正确顺序抽真空扣 5 分	
2	充汞	打开岩心室阀,打开补汞阀,调整汞杯高度,使汞杯液面至抽空阀的距离 H 与当前大气压力下的汞柱高度(约 760mm)相符	6	不能按正确顺序充汞扣 5 分	
		打开隔离阀,重新调整汞杯高度,此时压差传感器输出值为 28.00～35.00cm 之间	3	未打开隔离阀扣 3 分;示值非标准值扣 2 分	
		关闭抽空阀,关真空泵电源,打开真空泵放空阀,关闭补压阀	3	阀门开关顺序错扣 2 分	
3	进汞、退汞实验	关闭高压计量泵进液阀,调整计量泵,使最小量程压力表为零	15	未关进液阀扣 10 分;计量泵未调零扣 5 分	
		按设定压力逐级进泵,稳定后记录压力及汞体积测量管中汞柱高度,直至达到实验最高设定压力	10	未按级进泵扣 5 分;未正确记录压力和汞柱高度扣 5 分	
		按设定压力逐级退泵,稳定后记录压力及汞体积测量管中汞柱高度,直至达到实验最低设定压力	10	未按级退泵扣 5 分;未正确记录压力和汞柱高度扣 5 分	
4	结束实验	打开高压计量泵进液阀,关闭隔离阀;打开补汞阀,打开抽空阀,打开岩心室。取出废岩心,关紧岩心室,关闭抽空阀,清理台面汞珠	5	阀门开关顺序错扣 5 分	
5	数据处理	计算岩石的含汞饱和度	5	不能正确计算含汞饱和度扣 5 分	
		绘制毛管力曲线	15	不能利用数据正确绘制曲线扣 15 分	
		计算毛管力对应的空隙半径	5	不能正确计算孔隙半径扣 5 分	
		根据进汞毛管力曲线绘制孔隙大小分布柱状图	5	不能利用数据正确绘制曲线扣 5 分	
		计算相关物性参数	10	不能正确计算参数各扣 2 分	
6	考核时限	50min,到时停止操作考核			
		合计 100 分			

任务三 储层岩石的相渗透率与相对渗透率评价

教学任务书见表 4-10。

表 4-10 教学任务书

情境名称	储层岩石中储层流体渗流特性评价
任务名称	储层岩石的相渗透率与相对渗透率评价
任务描述	样品准备;固定油水比测定油水饱和度;测定不同饱和度下的相对渗透率;数据处理

续表

任务载体	模拟岩样；稳态法测相对渗透率仪		
学习目标	能力目标	知识目标	素质目标
	1.能够正确地完成储层岩样的相对渗透率的测定操作 2.能够正确地完成测定数据的处理 3.能够正确识读解释相对渗透率曲线	1.掌握岩石样本的准备方法 2.掌握岩石样本相对渗透率的测定方法与原理 3.掌握相对渗透率测定数据的处理方法	1.培养学生团队意识 2.培养学生观察、思考、自主学习的能力 3.培养学生爱岗敬业、严格遵守操作规程的职业道德素质

【任务实施】

一、任务准备

稳态法测定相对渗透率流程如图 4-41 所示。

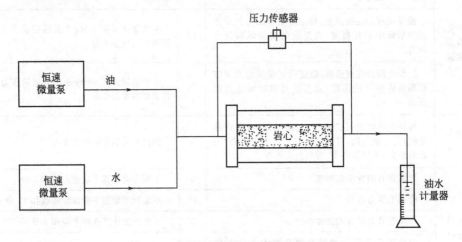

图 4-41　稳态法测相对渗透率流程示意图

二、测定步骤

① 抽提清洗岩心，烘干岩心，抽真空包和水（或油）。

② 将岩心放入岩心夹持器内，测定单相水（或油）渗透率。

③ 用微量泵以恒定的排量分别将油和水注入岩心。

④ 当岩样出口油、水流量分别等于注入的油、水流量时，表明岩心中油水两相达到稳定。由压差传感器测出岩样两端的压差，再由试管测量油和水的流量，并由累计产出的油水量，计算含水饱和度。

⑤ 根据以上数据可计算出一个含水饱和度下的油、水相对渗透率。

⑥ 改变油、水微量泵的排量，即改变注入岩心的油水比例，重复上述③～⑤步，得到另一个含水饱和度下的油、水相对渗透率。

⑦ 多次重复以上步骤，即可得到一组含水饱和度下的油水相对渗透率，从而得到相对渗透率曲线。

三、数据处理

1. 原始数据记录

记录数据见表 4-11～表 4-13。

2. 油水相对渗透率计算

按式(4-29)～式(4-32) 计算油水的有效渗透率和相对渗透率，依据称重数据及油水密度数据计算油水饱和度。利用各实验计算点绘制油水相对渗透率曲线。基础数据和计算结果用表 4-7 和表 4-8 记录和查取。油水相对渗透率的计算公式为

$$K_{rw} = \frac{K_w}{K} \tag{4-29}$$

$$K_{ro} = \frac{K_o}{K} \tag{4-30}$$

$$K_w = \frac{Q_w \mu_w L}{A \Delta P} \tag{4-31}$$

$$K_o = \frac{Q_o \mu_o L}{A \Delta P} \tag{4-32}$$

式中　K_{rw}——水的相对渗透率；
　　　K_{ro}——油的相对渗透率；
　　　K——岩样绝对渗透率，$\times 10^{-3} \mu m^2$；
　　　K_w——水的有效渗透率，$\times 10^{-3} \mu m^2$；
　　　K_o——油的有效渗透率，$\times 10^{-3} \mu m^2$；
Q_o 和 Q_w——分别为油和水的流量，cm^3/s；
　　　L——岩样长度，cm；
　　　A——岩样截面积，cm^2；
　　　ΔP——岩样进、出口压差，MPa。

3. 绘制相对渗透率曲线

① 相对渗透率曲线特征。
② 了解相对渗透率曲线应用。

表 4-11　稳态法油水相对渗透率测定原始记录表

岩样号：　　　　　　　大气压：　　　　　　　测定日期：

环境温度/℃	记录时间	环压/MPa	进口压力/MPa		出口压力/MPa	油流量		水流量		岩样质量/g
			油	水		时间/s	体积/cm³	时间/s	体积/cm³	

续表

环境温度/℃	记录时间	环压/MPa	进口压力/MPa		出口压力/MPa	油流量		水流量		岩样质量/g
			油	水		时间/s	体积/cm³	时间/s	体积/cm³	

校核人：　　　　　　　复算人：　　　　　　　分析人：　　　　　　　第　页

表4-12 稳态法油水相对渗透率测定基础数据表

油田/井号		层位	
取样深度/m		岩样号	
岩样长度/cm		岩样直径/cm	
岩样总体积/cm³		岩样孔隙体积/cm³	
孔隙度/%		绝对渗透率/μm^2	
测定温度/℃		饱和水黏度/(mPa·s)	
饱和水矿化度/(g/L)		饱和水密度/(g/cm³)	
水测渗透率/μm^2		注入油密度/(g/cm³)	
注入油黏度/(mPa·s)			

表4-13 稳态法油水相对渗透率数据表

序号	油有效渗透率/μm^2	油相对渗透率/小数	水有效渗透率/μm^2	水相对渗透率	含水饱和度/%	备注

【必备知识】

由前面几节的讨论已经知道：岩石的润湿性、各种界面阻力、孔隙结构等等都会影响到岩石中油水的流动能力。也就是说，在多相流体流动时，各相间会发生相互作用、干扰和影响。这时用什么参数来描述相间（如岩石-油-水）的相互影响的大小呢？最常用的就是相渗透率，它是岩石-流体间相互作用的动态特性参数，也是油藏开发计算中最重要的参数之一。

一、有效渗透率和相对渗透率的概念

所谓相渗透率是指多相流体共存和流动时，其中某一相流体在岩石中的通过能力大小，就称为该相流体的相渗透率或有效渗透率。油、气、水各相的有效渗透率可分别记为 K_o、K_g、K_w。

1. 绝对渗透率

先看下面的例子：设有一岩样长 3cm、截面积为 $2cm^2$，其中用黏度为 $1MPa·s$ 的盐水 100% 饱和，在压差为 0.2MPa 下的流量为 $0.5cm^3/s$，则该岩样的绝对渗透率为

$$K = \frac{Q\mu L}{A\Delta p} \times 10^{-1} = \frac{0.5 \times 1 \times 3}{2 \times 0.2} \times 10^{-1} = 0.375(\mu m^2)$$

如果用黏度为 $3MPa·s$ 的油 100% 饱和岩心，在同样的压差下流动，油的流量为 $0.167cm^3/s$，这时该岩样的绝对渗透率为

$$K = \frac{Q\mu L}{A\Delta p} \times 10^{-1} = \frac{0.167 \times 3 \times 3}{2 \times 0.2} \times 10^{-1} = 0.375(\mu m^2)$$

由此可见，绝对渗透率只是岩石本身的一种属性，只要流体不与岩石发生物理化学反应，则绝对渗透率与通过岩石的流体性质无关。

2. 有效渗透率

对于同一岩样，若其中饱和 70% 的盐水（$S_w = 70\%$）和 30% 的油（$S_o = 30\%$），而且在渗流过程中饱和度不变。如果压差同前，则盐水的流量为 $0.30cm^3/s$，而油的流量为 $0.02cm^3/s$，此时油、水的有效渗透率如何考虑呢？

虽然 Darcy 定律是在单相流动情况下所得出的，但早已扩展到应用于多相流动这类情况。

在多相流动时，可将某相流动视为它在固相及其他相组合成的介质中流动，故仍采用 Darcy 公式，但渗透率则以该有效渗透率代替，于是便把多相流动中所产生的各种附加阻力都归结到该相流体的有效渗透率数值的变化上。这样，盐水的有效渗透率为

$$K_w = \frac{Q_w \mu_w L}{A\Delta p} \times 10^{-1} = \frac{0.3 \times 1 \times 3}{2 \times 0.2} \times 10^{-1} = 0.225(\mu m^2) \tag{4-33}$$

油的有效渗透率则为

$$K_o = \frac{Q_o \mu_o L}{A\Delta p} \times 10^{-1} = \frac{0.02 \times 3 \times 3}{2 \times 0.2} \times 10^{-1} = 0.045(\mu m^2) \tag{4-34}$$

油、水两相的有效渗透率之和 $K_w + K_o = 0.27\mu m^2$，它小于 $K = 0.375\mu m^2$。这一结论是带有普遍性的，即同一岩石的有效渗透率之和总是小于该岩石的绝对渗透率。这是因为共

用同一渠道的多相流体共同流动时的相互干扰，此时，不仅要克服黏滞阻力，而且还要克服毛管力、附着力和由于液阻现象增加的附加阻力等缘故。因此，有效渗透率这一概念不仅反映了油层岩石本身的属性，而且还反映了流体性质及油、水在岩石中的分布以及它们三者之间的相互作用情况，这就是为什么说有效渗透率是岩石-流体相互作用的动态特性的原因。

3. 相对渗透率

在实际应用中，为了应用方便（将渗透率无因次化），也为了便于对比出各相流动阻力的比例大小，又引入了相对渗透率的概念。

某一相流体的相对渗透率则是该相流体的有效渗透率与绝对渗透率的比值，它是衡量某一种流体通过岩石的能力大小的直接指标。

油气水的相对渗透率分别记为

$$K_{ro}=K_o/K \tag{4-35a}$$

$$K_{rg}=K_g/K \tag{4-35b}$$

$$K_{rw}=K_w/K \tag{4-35c}$$

例如，在上例中，可得到

水的相对渗透率　　　$K_{rw}=\dfrac{K_w}{K}=\dfrac{0.225}{0.375}=0.60$（或 60%）

油的相对渗透率　　　$K_{ro}=\dfrac{K_o}{K}=\dfrac{0.015}{0.375}=0.12$（或 12%）

可以看出：尽管 $S_w+S_o=100\%$，而 $K_{rw}+K_{ro}=72\%$ 小于 100%。此结论对相对渗透率也是具有普遍性。即同一岩石的相对渗透率之和总是小于 1 或小于 100%。

上例还说明，当 $S_w=70\%$，$S_o=30\%$ 时，即水和油的饱和度相差 70/30=2.33 倍，而水和油的相对渗透率却差 0.60/0.12=5 倍。那么，若含水饱和度增加 10%（即 $S_w=80\%$，$S_o=20\%$）时，K_{rw} 和 K_{ro} 之差是否仍然是 5 倍，还是相差倍数更大或更小呢？大量实验表明，饱和度和相渗透率间不是一个简单的关系。它们间的关系通常是由实验测出，并表示为相对渗透率和饱和度之间的关系曲线——相对渗透率曲线。

二、相对渗透率曲线特征

典型的油水（或油气）相对渗透率曲线如图 4-42 所示，即一般成 X 形交叉曲线。其纵坐标为两相各自的相对渗透率，横坐标为含水饱和度从 0→1 增加，含油饱和度从 1→0 减小。

为了更好地理解两相相对渗透率曲线所表现出的曲线形状特征及地下油（气）水分布和流动情况，我们以图 4-42 为例加以讨论。该曲线是由实验所得的某油藏偏亲水岩石的油水相对渗透率曲线。根据曲线所表现出的特点，将它分为三个区。

单相油流区（A 区）：其曲线特征表现为：S_w 很小，$K_{rw}=0$；S_o 值很大，K_{ro} 有下降但下

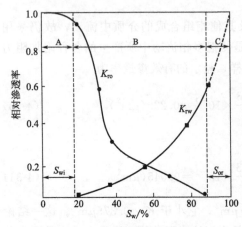

图 4-42　油水相对渗透率曲线

降不多。这种曲线特征是由岩石中油水分布和流动情况所决定的。岩石中的情况是当含水饱和度很小（例如图中 $S_w < S_{wi} = 20\%$）时，由于孔隙表面的亲水性，水则处于岩石颗粒表面及孔隙的边、角、狭窄部分，油则处于大的易流动的流通网络中。这样，水对油的流动影响很小，因而油的相对渗透率降低极微小。而水由于处于孔隙的边、角及颗粒表面不能流动，所以水的相对渗透率为零。

值得注意的是：虽然因为湿相以一定饱和度占据岩石中某些空间（如颗粒表面、死孔隙），使非湿相饱和度未达到 100%，但由于非湿相的流道与非湿相单独存在时几乎一样，因而其相渗透率几乎等于绝对渗透率。随着湿相饱和度进一步增加，湿相虽然未能流动，但由于湿相增加，影响到非湿相的流动空间（即流道）大小。因此表现为非湿相渗透率稍有降低。

油水同流区（B 区）：此区内，油水饱和度都具有一定的数值，曲线表现为随含水饱和度的逐渐增大，K_{rw} 的增加和 K_{ro} 的下降都很显著。在该区内，湿相（水）饱和度已达一定数值，在压差作用下能够开始流动，这一饱和度即为最低湿相（水）饱和度。大于该饱和度，水在岩石孔道中开始占有了自己的孔道网络，即连通越来越多，流道网逐渐扩大，故 K_{rw} 逐渐增高。与此同时，非湿相（油）饱和度减小，油的流道逐渐被水所取代。当非湿相（油）减少到一定程度时，不仅原来的流道被水所占据，而且由于孔隙结构复杂多变，油在流动过程中容易因水流动而失去连续性，此时便出现液阻效应，它对油（及水）的流动都会有很大的影响。在该区间内由于油水同流，造成油水互相作用、互相干扰。因此油水同流区也是流动阻力效应最明显的区域，此区内油水两相渗透率之和 $K_{rw} + K_{ro}$ 会出现最低值。

纯水流动区（C 区）：该区内，非湿相（油）的饱和度小于最小的残余油饱和度（即 $K_{ro} = 0$ 所对应的含油饱和度）。曲线表现为 $K_{ro} = 0$，K_{rw} 变化急剧，此时非湿相（油）已失去连续性而分散成油滴，分布于湿相（水）中，最后滞留于孔隙内。这部分油滴由于贾敏效应对水流造成很大的阻力。这从图 4-42 可以看出：当含油饱和度从 0%～15%（残余油饱和度）时，使得水相的相对渗透率从 100% 降至 60%（下降了 40%），可见分散油滴对水流造成的阻力。

三、有效渗透率和相对渗透率曲线的应用

相对渗透率曲线是研究多相渗流的基础，它在油田开发计算、动态分析、确定储层中油、气、水的饱和度分布及与水驱油有关的各类计算中都是必不可少的重要资料，这里只介绍其中三个方面的应用。

（1）计算油井产量和流度比

当油水两相同时流动时，若已知油、水在地层中的饱和度，则可在相对渗透率曲线上查出相应的 K_{ro}、K_{rw}，再由已知的岩石渗透率 K 值，按下述 Darcy 公式计算出油、水流量 Q_o、Q_w 值：

$$Q_o = \frac{K_{ro} K A \Delta p}{\mu_o L} = \frac{K_o A \Delta p}{\mu_o L} \tag{4-36}$$

$$Q_w = \frac{K_{rw} K A \Delta p}{\mu_w L} = \frac{K_w A \Delta p}{\mu_w L} \tag{4-37}$$

值得注意的是，如所用相对渗透率值是相渗透率与地层水饱和度下的渗透率之比，则 K 值应为地层水饱和度下的渗透率值；如果相对渗透率是相渗透率与束缚水饱和度下的岩心渗透率之比，则 K 应为束缚水饱和度下的渗透率。

利用上式，研究油水同产时的水油比，可用下式表示

$$\frac{Q_\mathrm{w}}{Q_\mathrm{o}} = \frac{\dfrac{K_\mathrm{rw} K A \Delta p}{\mu_\mathrm{w} L}}{\dfrac{K_\mathrm{o} K A \Delta p}{\mu_\mathrm{o} L}} = \frac{\dfrac{K_\mathrm{w}}{\mu_\mathrm{w}}}{\dfrac{K_\mathrm{o}}{\mu_\mathrm{o}}} = \frac{\lambda_\mathrm{w}}{\lambda_\mathrm{o}} = M \tag{4-38}$$

当油、水黏度一定时，油水产量比决定于油、水两相的有效渗透率（或相对渗透率）的比值，我们引用流度来表示该相流体流动的难易程度。流度即为流体的有效渗透率与其黏度的比值，$\lambda_\mathrm{w} = K_\mathrm{w}/\mu_\mathrm{w}$，$\lambda_\mathrm{o} = K_\mathrm{o}/\mu_\mathrm{o}$，分别称为水和油的流度。流度值越大，说明该相流体越容易流动。水驱油时，流度比 M 定义为驱油液（水）的流度与被驱替液（油）的流度之比，即

$$M = \frac{\lambda_\mathrm{w}}{\lambda_\mathrm{o}} \tag{4-39}$$

从前面相对渗透率的例子可以看出：虽然油水黏度只相差 3 倍（$\mu_\mathrm{o} = 3\mathrm{mPa \cdot s}$，$\mu_\mathrm{w} = 1\mathrm{mPa \cdot s}$），但由于饱和度相差 2.33 倍（$S_\mathrm{w} = 70\%$，$S_\mathrm{o} = 30\%$），使得相渗透率相差 5 倍（$K_\mathrm{w} = 0.225\mu\mathrm{m}^2$，$K_\mathrm{o} = 0.045\mu\mathrm{m}^2$），最后是油水流量相差为 15 倍，即

$$\frac{Q_\mathrm{w}}{Q_\mathrm{o}} = \frac{K_\mathrm{w} \mu_\mathrm{o}}{K_\mathrm{o} \mu_\mathrm{w}} = \frac{0.225 \times 3}{0.045 \times 1} = 15$$

流度比这一参数，对于预测驱替介质（如水）的波及范围大小，从而预测采收率的高低具有十分重要的意义。

(2) 确定储层中油水的饱和度分布、油水接触面位置及产纯油的闭合高度

由相对渗透率曲线可求得束缚水饱和度、残余油饱和度及不同饱和度下的相对渗透率；由毛管压力曲线又可知不同油水饱和度所对应的自由水面以上的高度。因此在储层均一的情况下，将相对渗透率曲线结合毛管压力曲线，就可确定油水在储层中的分布，即地层不同高度下的含油饱和度，从而划分出地层中的产纯油区、纯水区及油水同产区等。

图 4-43 是利用相对渗透率曲线和毛管压力曲线确定油水接触面和产能的示意图，由图中看出，A 点以上的油层只含束缚水，为产纯油的含油区；$A \sim B$ 间是油水共存、油水同产的混合流动区；$B \sim C$ 为含残余油的纯水流动区，只产水；C 点以下为 100% 含水，称为含水区。

将毛管力以油水接触面以上的液柱高度表示时，A 点的毛管压力所对应的高度就代表了这种孔隙体系的油层产纯油的最低闭合高度。如果实际油层的闭合高度大于此值，就可能产纯油，大得越多，产纯油的厚度就越大；反之，如果实际油层的闭合高度小于此值，则只能是油水同产而不一定具有工业开采价值了。

图 4-43 与图 4-35 的区别在于：由于结合了相对渗透率曲线，就能较准确地确定出在毛管压力曲线中 A、B 点的位置，从而确定出油水接触面的高度及油水同产区的厚度。

(3) 利用相对渗透率曲线分析油井产水规律

所谓产水规律就是研究随着地层中含水饱和度的增加油井产水率的变化情况。

产水率 f_w 是油水同产时总产液量 $Q = Q_\mathrm{w} + Q_\mathrm{o}$ 中产水量 Q_w 所占的百分数或分数，即

$$f_\mathrm{w} = \frac{Q_\mathrm{w}}{Q_\mathrm{w} + Q_\mathrm{o}} = \frac{K_\mathrm{w}/\mu_\mathrm{w}}{K_\mathrm{w}/\mu_\mathrm{w} + K_\mathrm{o}/\mu_\mathrm{o}} = \frac{1}{1 + \left(\dfrac{K_\mathrm{o}}{K_\mathrm{w}}\right)\left(\dfrac{\mu_\mathrm{w}}{\mu_\mathrm{o}}\right)} \tag{4-40}$$

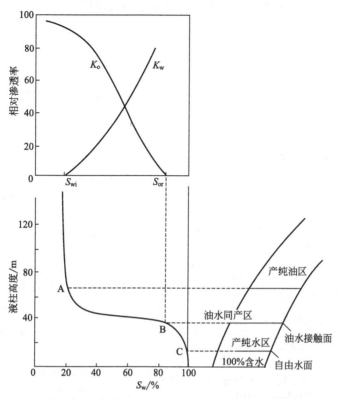

图 4-43 确定储层中油水接触面和产能的示意图

式(4-40)称为分流方程。对一个具体油藏,水油黏度比 μ_w/μ_o 为一定,产水率只取决于油水的相对渗透率比值的大小,而后者是油藏含水饱和度的函数,所以产水率 f_w 是含水饱和度 S_w 函数,其函数关系如图 4-44 所示。图中可看出,即使油井 100%产水,油藏中含

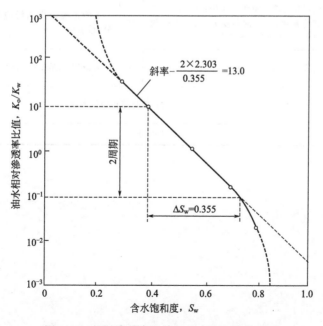

图 4-44 相对渗透率比值与含水饱和度的关系

水饱和度也达不到100%，地层中尚存有一定的残余油饱和度。

【考核评价】

考核标准见表4-14。

表4-14 储层岩石的相渗透率与相对渗透率评价评分标准

序号	考核内容	评分要素	配分	评分标准	备注
1	样品准备	抽提清洗岩心，烘干岩心，抽真空饱和水（或油）	5	不能说出岩心饱和水（或油）的原因扣5分	
2	固定油水比测定油水饱和度	将岩心放入岩心夹持器内，测定单相水（或油）渗透率	5	不能说出测定单相渗透率扣5分	
		用微量泵以恒定的排量分别将油和水注入岩心	5	不能说出判断油水恒量注入依据扣5分	
3	测定不同饱和度下的相对渗透率	由压差传感器测出岩样两端的压差，再由试管测量油和水的流量，并由累计产出的油水量，计算含水饱和度	10	不能正确测量油水流量扣5分；不能正确计算含水饱和度扣5分	
		改变油、水微量泵的排量，即改变注入岩心的油水比例，重复步骤，得到另一个含水饱和度下的油、水相对渗透率	10	不能说出重复测定相对渗透率扣5分	
4	数据处理	根据以上数据可计算出一个含水饱和度下的油、水相对渗透率	25	不能正确填写原始数据表，每填错一处扣0.5分，最高扣15分；不能根据测定数据计算相对渗透率扣10分	
		绘制相对渗透率曲线	5	不能正确绘制曲线扣5分	
		描述相对渗透率曲线特征：两条曲线、三个区域、四个特征点	15	不能正确说出曲线特征，少一处扣2分，最多扣15分	
		说明相对渗透率曲线应用；计算油井产量和流量比；确定饱和度分布、油水接触面位置、产纯油的闭合高度	15	不能正确说出曲线应用，每少一处扣5分，最多扣15分	
5	清理场地	清理现场，收拾工具	5	未清理现场扣3分；少收一件工具扣1分	
6	考核时限	30min，到时停止操作考核			
		合计 100分			

参 考 文 献

[1] 何更生,唐海.油层物理.北京:石油工业出版社,2011.
[2] 杨胜来,魏俊之.油层物理学.北京:石油工业出版社,2004.
[3] 秦积舜,李爱芬.油层物理学.山东:中国石油大学出版社,2005.
[4] 唐洪俊,崔凯华.油层物理.北京:石油工作出版社,2007.
[5] 赵明国.油层物理实验.北京:石油工业出版社,1994.